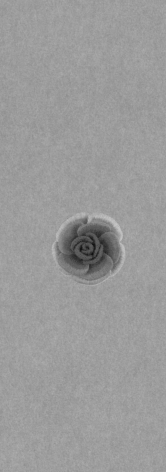

35個技巧×55款花卉版型全收錄

無繡框OK！ 不織布の

立體刺繡花朵圖鑑

PieniSieni

35個技巧×55款花卉版型全收錄

無繡框OK!

不織布の立體刺繡花朵圖鑑

Contents

在製作花朵之前

簡單解說完成前的流程!!

1.製作花瓣或葉片零件

不織布

花瓣　　　一片獨立花瓣　　　葉片

縫上鐵絲

不縫鐵絲

進行刺繡

開始作業之前

請先參考P.107的基本技巧製作紙型,並閱讀刺繡之開始刺繡、刺繡結束、鐵絲尖端處理方法。刺繡在不織布上的方法,則參考薔薇(P.17 Tech1);鐵絲的縫製方法及組裝方法請參照長莢罌粟花(P.23 Tech5、P.25 Tech10・11),學會這些基礎之後,再開始製作作品。

2.製作花蕊或果實零件

珍珠花蕊　　毛線球　　　毛球　　　黏土　　　木珠　　　珠子　　　塞棉花　　將線纏繞在底紙上

3.打造花朵

穿過鐵絲

以錐子打洞

貼上花萼或蒂頭

不織布

鐵絲

黏合各部位

製作花莖

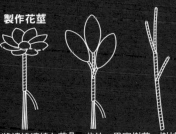

將繡線纏繞在花朵、葉片、果實樹莖、樹枝上

將花朵作成立體的樣子

使用黏膠黏貼

彎曲鐵絲
作出不同樣貌

「材料」與「原寸紙型」的使用方法

「材料」…本書使用的25號繡線為DMC產品;不織布為SUN FELT的迷你系列;鐵絲來自Miyuki Studio;珠子為TOHO BEADS;黏土及顏料等使用PADICO的商品。關於材料介紹,請參考P.111。

材料說明

〈25號繡線〉… 用量大約是每個顏色1至2束。
根據每個人刺繡習慣會有稍許使用量差異。
顏色名稱(顏色編號)
〈不織布〉… 用量為每個顏色約20cm方形兩片。
書中記載裁剪時,必須準備的尺寸及張數。
顏色名稱(顏色編號)尺寸… 張數《部位》
〈鐵絲〉
#粗細(顏色)長度… 支數《部位》
〈珠子〉
品名(型號/顏色)… 個數《部位》
木珠(形狀/顏色)… 個數《部位》
〈其他〉
記載使用樹脂黏土、顏料、或毛球等。《 》為使用部位。

❀❀❀❀❀ 製作花朵的難度等級。
粉紅色花朵數量越少的,表示越簡單。

原寸紙型的使用說明

不織布:花瓣・1片・紅色〈深紫色〉 a 紙型的部位

❶玫紅色〈紫色〉毛邊繡〔2〕	
❷#24鐵絲(白色)	
d ❸玫紅色〈紫色〉緞面繡〔3〕	
❹深紅色〈深紫色〉緞面繡〔2〕	
❺深紅色〈深紫色〉緞面繡〔2〕	

b 必須使用的不織布張數
c 使用的不織布顏色;( )內為B色的作品
d 刺繡與鐵絲的縫合順序
e 繡線的顏色;〈 〉內為B色的作品
f 刺繡使用的針法,( )內為繡線股數
g 縫合的鐵絲尺寸;( )內為顏色
＊紙型內的------為裁切線

關於木珠形狀的標示

R→直徑6/8mm、N6→直徑6×長度9mm、N10→直徑8×長度10mm
將左邊的商品型號記載為右邊的模式。
R6➡R小　R8➡R大　N6➡N小　N10➡N大

有花卉的風景

由不織布刺繡花卉醞釀而生的溫柔風景。
讓日常生活
轉變為柔和而具溫暖氣息的氛圍……

薊花・山防風

以毛線球製作工具打造出的蓬鬆柔軟觸感，
製成新鮮花朵裝飾在帽子上。

作法：薊花 P.45、山防風 P.93

鬱金香·
春紫苑

將兩種不同作法的花朵綁在一起，
作為送給重要之人的花束。

作法：春紫苑 P.29、鬱金香 P.33

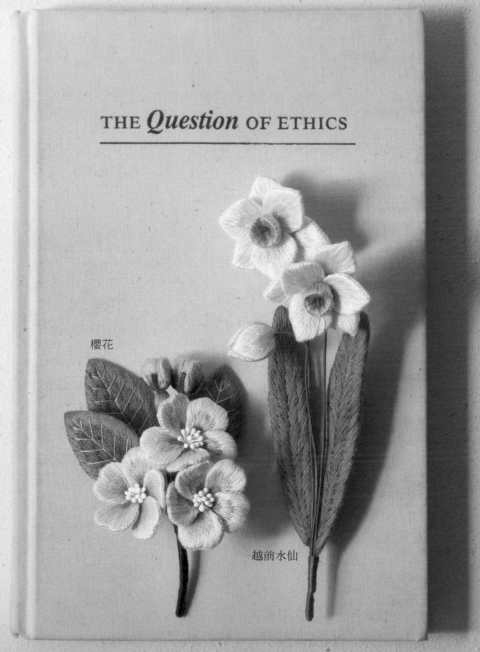

THE *Question* OF ETHICS

櫻花

越前水仙

櫻花 · 越前水仙

飄盪著和風凜然氣息的樣貌，
彷彿被知性氛圍環抱般自在。

作法： 越前水仙 P.76、櫻花 P.96

繡球花

具有光澤的藍色繡線色調，
打造吸引人目光的花卉。

作法：P.103

蜀葵

不僅是繡線的色調，
花瓣的樣貌展現，亦令人倍感清新。

作法： P.104

長莢罌粟花

花苞的風趣與紅色花瓣的對比，
女人味十足。

作法：P.22

蒲公英

將可愛的花朵添在籃子上，
營造令人忍不住想觸摸的柔軟氛圍。

作法：P.79

10

百合・鈴蘭・
冬日色調的別針

將有著優雅色調的花朵們，
作為外出服上的單點裝飾吧！

作法：百合 P.35、鈴蘭 P68、冬日色調別針 P106

百合

鈴蘭

冬日色調別針

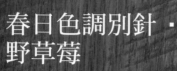

春日色調別針·
野草莓

成熟色調的花束，
與強烈對比的白色可愛野草莓花束。

作法：野草莓 P.61、春日色調別針 P.106

野草莓

春日色調別針

山茶花

只有一朵也足具存在感的樣貌，
能成為周遭的注目焦點。

作法：P.82

I 使用花瓣零件製作花卉

將繡好的零件重疊，加上些弧度後，作成立體的形狀，便能製作出有許多花瓣的花朵。

2. 三色菫（A色）
作法：P.66

Making Point

重疊花瓣零件，在背面捲起，再縫上珠子作為花蕊，便能夠作出三色菫。只要更換紙型，也能作出紫羅蘭喲！

1. 大薔薇（A色）
作法：P.16

3. 紫羅蘭（A色）
作法：P.66

小薔薇（B色）

中薔薇（B色）

大薔薇（B色）

4. 小向日葵
作法：P.69

Making Point

將長方形的不織布剪開後捲
起，便能完成蓬鬆又獨特的花
蕊。將此花蕊貼在花瓣上，即
變成極具存在感的花朵。

5. 大理花
作法：P.70

紫羅蘭（B色）

三色菫（B色）

紫羅蘭（B色）

6. 萬壽菊
作法：P.72

Making Point

重疊大小不同的花瓣零件，
再於中心縫上珠子，打造多
層次立體感。花朵的弧度
及剪開處，具有讓花瓣的數
量看來更多、也更華麗的效
果。

（A色）

（B色）

1.薔薇

作品頁數：P.14
完成尺寸：大薔薇 寬7×長7cm、中薔薇 寬5×長5cm、小薔薇 寬2.5×長2.5cm

大薔薇（A色） 　大薔薇（B色）

中薔薇（B色） 　小薔薇（B色）

材料

A色

〈25號繡線〉

藤色（554）《大花瓣》
深藤色（553）《大花瓣・中》
紫色（552）《大花瓣・中・小》
深紫色（550）《大花瓣・中・小》

〈不織布〉

桃色（102）
　10 cm方形…1片《大花瓣》

藤色（680）
　9 cm方形…1片《中花瓣》
　8 cm方形…1片《小花瓣》

B色

〈25號繡線〉

桃色（3608）《大花瓣》
深桃色（3607）《大花瓣・中》
玫紅色（718）《大花瓣・中・小》
深紅色（915）《大花瓣・中・小》

〈不織布〉

桃色（102）
　10 cm方形…1片《大花瓣》
深桃色（126）
　9 cm方形…1片《中花瓣》
紅色（120）
　8 cm方形…1片《小花瓣》

作法

1 製作小花瓣、中花瓣、大花瓣的刺繡零件各一片。（參考P.17 Tech1）

2 組裝小花瓣，製作小薔薇或中薔薇、大薔薇的花蕊。（參考P.18 Tech2）

3 將中花瓣黏貼在步驟2的零件上，製作中薔薇。（參考P.18 Tech2）

4 將大花瓣黏貼在步驟3的零件上，製作大薔薇。（參考P.18 Tech2）

原寸紙型

＊小薔薇只使用了小花瓣；中薔薇使用小花瓣及中花瓣；大薔薇則需要使用所有尺寸的花瓣
＊紙型的使用方法請參考P.3
＊〈　〉內為B色作品；[ ] 內為繡線股數
＊紙型內的線條為刺繡針腳方向

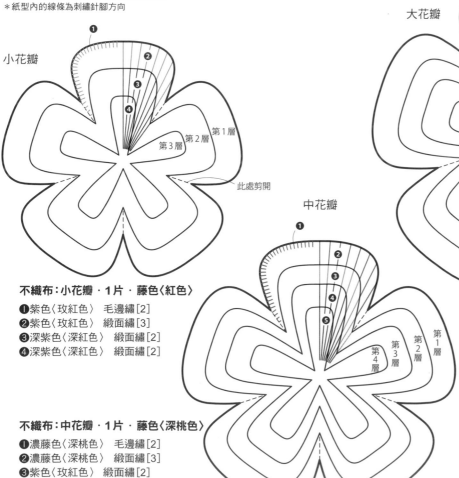

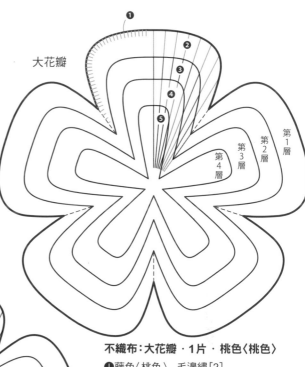

不織布：小花瓣・1片・藤色〈紅色〉
❶紫色〈玫紅色〉　毛邊繡[2]
❷紫色〈玫紅色〉　緞面繡[3]
❸深紫色〈深紅色〉　緞面繡[2]
❹深紫色〈深紅色〉　緞面繡[2]

不織布：中花瓣・1片・藤色〈深桃色〉
❶濃藤色〈深桃色〉　毛邊繡[2]
❷濃藤色〈深桃色〉　緞面繡[3]
❸紫色〈玫紅色〉　緞面繡[2]
❹深紫色〈深紅色〉　緞面繡[2]
❺深紫色〈深紅色〉　緞面繡[2]

不織布：大花瓣・1片・桃色〈桃色〉
❶藤色〈桃色〉　毛邊繡[2]
❷藤色〈桃色〉　緞面繡[3]
❸深藤色〈深桃色〉　緞面繡[2]
❹紫色〈玫紅色〉　緞面繡[2]
❺深紫色〈深紅色〉　緞面繡[2]

Technique 1

在不織布上刺繡
製作刺繡零件

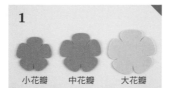

1

參考 P.107的「紙型作法」裁剪指定顏色及張數的不織布。以粉土描繪的那一面為背面。

小花瓣　中花瓣　大花瓣

★ 在邊緣刺繡

裁剪下來的不織布，邊緣請以毛邊繡整體刺繡一圈。一開始刺繡的線請勿完全穿過，請稍微挑起不織布；刺繡結束時亦進行相同處理。

開始刺繡之處理（代替打結）

2

（背面）

為小花瓣進行刺繡。將❶的繡線穿過針，以針稍微挑起小花瓣的花瓣底線處後，拉針。

進行毛邊繡

3

（背面）

於同一處再次稍微挑起不織布。請勿在不織布正面留下針腳。

4

將不織布翻面，由花瓣的底線處將針穿出。

5

將前方的花瓣往外摺，不織布的邊緣一圈進行毛邊繡。（刺繡針法請參考P.108）

6

一根針寬
約2mm

針腳間隔約為一根針寬度，針腳長度約2mm，進行刺繡。

刺繡結束之處理（代替打結）

7

邊緣一圈完成毛邊繡的樣子。

8

（背面）

將不織布翻至背面，在毛邊繡刺繡結束的位置稍微挑起不織布，將針拉過去。

9

（背面）

於同一處再次挑起不織布。請勿在不織布正面留下針腳。

10

（背面）

將線拉平後，剪斷線頭。

縫上毛邊繡，可加強不織布邊緣的強度。

★ 製作花瓣

進行緞面繡的同時，將不織布邊緣包起，就能作出從側面看也非常美麗的刺繡零件。

11

（背面）

將❷的繡線穿過針，稍微挑起花瓣中央。請勿在不織布正面留下針腳。

12

（背面）

於同一處再次挑起不織布並進行刺繡。挑起布時，請勿在不織布正面留下針腳。

進行緞面繡

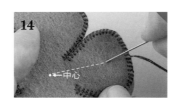

13

（正面）

將針自花瓣中央的不織布與毛邊繡之間將針穿出。

14

←中心

由花瓣外向中心進行緞面繡。

15

約1cm

朝花瓣中心約1cm進行刺繡。

16

離花瓣中央較近的平坦處，請不留空隙地以相同長度針腳刺繡，以紙型上畫的段落線作為大概位置進行刺繡。

17

若刺繡已接近有弧度處，就縮短針腳長度，以調整刺繡方向。

18

請勿留下任何空隙，仔細地一針一針刺繡。

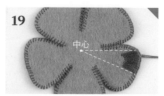

19

請留意中心的位置，朝著中心方向進行緞面繡。

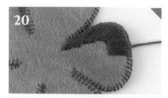

20

花瓣已繡好一半緞面繡的樣子。

21

將不織布翻至背面。在背面挑起不織布，請勿讓線的長度超過1cm，連續挑布後，回到開始刺繡的位置。請勿在不織布正面留下針腳。

22

將針從不織布與毛邊繡之間穿出，在花瓣的另一半進行緞面繡。

23

依步驟14至20的方法進行緞面繡。

24

其它花瓣依相同作法繡上緞面繡後，第1層完成的樣子。刺繡結束時，依步驟8至10相同作法處理。

若換線，請在不織布的背面處理。在背面稍微挑起不織布後，進行刺繡結束處理，剪斷線頭，再更換新線，並進行開始刺繡的處理。

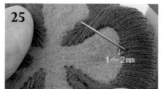

25

重新將❸的繡線穿過針，進行開始刺繡處理。由中花瓣中央開始刺繡，與第1段的緞面繡重疊約1至2mm，縫製第2層緞面繡。

26

與第1段相同，進行緞面繡至花瓣一半處。

27

刺繡時，請注意針腳須朝著中心的方向。

28

將花瓣一半都繡好緞面繡後，與步驟21相同，將不織布翻至背面，稍微挑起不織布，回到開始刺繡時的位置。

29

以❸繡線完成第2層緞面繡的樣子。

30

以❹的繡線完成第3層緞面繡的樣子。小花瓣即完成。

31

中花瓣亦使用指定的繡線縫製共4層緞面繡。中花瓣即完成。

32

大花瓣亦使用指定的繡線縫製共4層緞面繡。大花瓣即完成。

Technique 2

黏貼刺繡零件
組合為立體樣貌。

★組合薔薇

將繡好的花瓣零件重疊黏貼，打造花朵的立體感。

組合小花瓣

33

（背面）

使用竹籤，將小花瓣的一片花瓣根底處（背面）沾上黏膠。

34

（背面）

1/3

將黏膠抹開至約花瓣的1/3左右。

35

（背面）

將塗抹了黏膠的那面作為內側，捲起花瓣。

36

捲起處以珠針穿過固定。等待五分鐘後，使其乾燥。

請避開有塗黏膠的地方穿過珠針。

37

將旁邊的花瓣底部，以步驟**33**至**34**相同作法塗上黏膠。

38

捲起並同時包覆步驟**36**中捲好的花瓣。

39

以珠針穿過固定。等待五分鐘後，使其乾燥。

40

將第3片、第4片及第5片花瓣也以相同作法貼上。

41

以珠針穿過固定，待其乾燥。小薔薇完成。

將花瓣互相貼合作成的小花瓣，小花瓣可製成薔薇，亦可作為中薔薇及大薔薇的花蕊。

黏貼小薔薇與中花瓣

42

在小薔薇的底部塗上黏膠，約為中心起直徑1.5cm的圓圈範圍內。

43

錯開

黏貼時，使中花瓣的中心與花蕊的花瓣錯開。

44

稍微重疊

將中花瓣的花瓣沿著小薔薇的邊緣，以珠針穿過固定，風乾至其完全乾燥。中薔薇即完成。

將中花瓣貼在小薔薇上，便能製成中薔薇。

黏貼中薔薇與大花瓣

45

在中薔薇的底部塗上黏膠，約為中心起直徑1.5cm的圓圈範圍內。

46

黏貼時，使大花瓣的中心與花蕊的花瓣錯開。

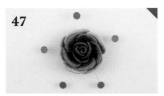

47

將大花瓣的花瓣沿著中薔薇的邊緣，以珠針穿過固定，風乾至其完全乾燥。

大薔薇即完成。

Technique 3

疊合刺繡零件
加上珠子

萬壽菊的花蕊 ＊為使讀者清楚，在此使用顏色較為顯眼的縫線。實際製作時，請使用同色系的棉線縫製。

1

將小花瓣的花瓣錯開疊在中花瓣上。

2

將棉線穿過針後打結。由背面將針穿過重疊的兩片花瓣中心。

3

竹珠
小圓珠

將竹珠與小圓珠依序穿過線。

4

將針自竹珠穿回，並下針於開始刺繡處的緊鄰處。

5

重複步驟3至4，將竹珠與小圓珠逐一縫上。

6

將步驟5的花朵背面中心塗上黏膠，並將大花瓣的花瓣錯開後黏貼，待其乾燥。固定後，以小木棍或筆按壓中心處。

萬壽菊即完成。

Technique 4

重疊捲起
刺繡零件

三色菫・紫蘿蘭的組合方式 ＊為使讀者清楚，在此使用顏色較為顯眼的縫線。實際製作時，請使用同色系的棉線縫製。

1

小花瓣　　　大花瓣

珠子

請參考P.17 **Tech1**製作小花瓣、大花瓣。

2

★　　　（背面）

將小花瓣的花瓣★處重疊在一起。

3

（背面）

將繡線【藍紫色[1]】穿過針並打結（A色的作品使用【紫紅色[1]】）。將小花瓣的花瓣於背面纏繞後縫合。請勿在不織布正面留下針腳。

4

（背面）

纏繞縫回開始刺繡的位置，回到定點後打結。

5

將小花瓣與大花瓣的○處重疊。

6

（背面）（背面）

將與步驟3同色的線打個結，於背面將底部捲起，並縫合小花瓣與大花瓣。此時請勿在不織布正面留下針腳。

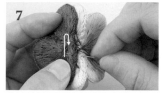

7

將線纏繞回開始刺繡的位置，回到定點後打結。

8

將棉線穿過針後打結，把針穿出刺繡正面。

9

將手工珠子穿過棉線後，在中心縫2至3次，將線穿回背面打結固定。

三色菫即完成。

II 以木珠作為花朵的一部分打造花卉

將線纏繞在木珠上，與刺繡零件組合，製成花蕊或果實。

7. 長莢罌粟花
作法: P.22

（B色）　　　　　　（A色）

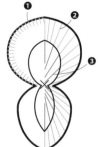

7.長莢罌粟花

作品頁數：P.9，21
完成尺寸：寬7×長17cm

7cm

A色　B色

5cm

5cm

材料

A 色

〈25 號繡線〉
淺紅色（3832）
紅色（3831）
深紅色（777）
黃色（834）
綠色（987）
深綠色（986）

〈不織布〉
紅色（116）
　　9 cm方形…1張《花瓣》
深綠色（444）
　　6×4 cm…1張《花苞》

〈鐵絲〉
#24（DG）36 cm
　　…5 支《花蕊＋花苞》
#24（白色）36 cm
　　…1 支《花瓣》

〈珠子〉
木珠（N 大／原色）
　　…5 個《花蕊＋果實
　　＋花苞》
小圓（No148F ／黃色）
　　…1 個《花蕊》
小圓（No47 ／綠色）
　　…3 個《果實》
大圓（No5 ／紅色）
　　…1 個《花苞》

B 色

〈25 號繡線〉
淺桃色（352）
桃色（351）
深桃色（350）
黃色（680）
綠色（581）
深綠色（580）

〈不織布〉
桃色（105）
　　9 cm方形…1張《花瓣》
綠色（442）
　　6×4 cm…1張《花苞》

〈鐵絲〉
#24（LG）36 cm
　　…5 個
《花蕊＋果實＋花苞》
#24（白色）36 cm
　　…1 個《花瓣》

〈珠子〉
木珠（N 大／原色）
　　…5 個
《花蕊＋果實＋花苞》
小圓（No148F ／黃色）
　　…1 個《花蕊》
小圓（Semi-Glazed
　　No2600F ／綠色）
　　…3 個《果實》
大圓（No2112 ／橘色）
　　…1 個《花苞》

作法

＊不織布之裁剪請參考P.107

1 製作一片加了鐵絲的花瓣。（參考P.23 **Tech5**）

2 將線纏繞在木珠上，製作3支加了鐵絲的果實。
　（參考P.23 **Tech6**、P.24 **Tech7**）

3 製作一支附鐵絲的花蕊。（參考P.23 **Tech6**、P.24
　Tech7）

4 將附鐵絲的花蕊穿過花瓣，作出一支花朵。（參考
　P.24 **Tech8**）

5 製作一支附鐵絲的花苞。（參考P.24 **Tech9**）

6 將繡線【深綠色[1]】纏繞在花朵、果實與花苞的
　鐵絲上，製成花莖。（參考P.25 **Tech10**）

7 將花朵、果實與花苞捆綁在一起，以繡線【深綠色
　[1]】纏繞鐵絲並處理尾端。（參考P.25 **Tech11**）

原寸紙型

＊紙型的使用方法請參考P.3
＊〈　〉內為B色作品；[　]內為繡線股數
＊紙型內的線條為刺繡針腳方向

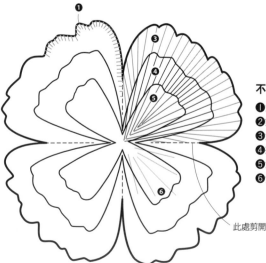

此處剪開

不織布：花瓣・1片・紅色〈桃色〉
❶淺紅色〈淺桃色〉　毛邊繡[2]
❷鐵絲#24（白色）
❸淺紅色〈淺桃色〉　緞面繡[3]
❹紅色〈桃色〉　緞面繡[2]
❺深紅色〈深桃色〉　緞面繡[2]
❻黃色〈黃色〉　直線繡[1]

[2]

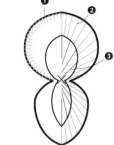

不織布：花苞的葉片・1片・深綠色〈綠色〉
❶綠色〈綠色〉　毛邊繡[2]
❷綠色〈綠色〉　緞面繡[3]
❸深綠色〈深綠色〉　緞面繡[2]
✕錐子打洞的位置

Technique 5

製作加了
鐵絲的零件

1

準備好花瓣的不織布,並將不織布邊緣繡上毛邊繡(參考P.17 **Tech1**)

✿加入鐵絲

花瓣繡好毛邊繡後,在進行緞面繡之前縫上鐵絲。

2

以圓頭鉗夾住#24鐵絲(白色)前端。

*為使讀者清楚,在此使用顏色較為顯眼的縫線。實際製作請以繡線【淺紅色[1]】縫製。

3

旋轉鉗子,將鐵絲前端作出一個直徑約3mm的圓圈(只需完成一邊)。

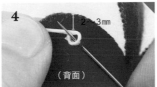

4

將鐵絲放在不織布背面,距離邊緣約2至3mm內側的位置,以打了結的線穿過鐵絲的圈圈,縫2至3次固定。

5

將鐵絲沿著花瓣邊緣的弧度彎折。

6

沿著花瓣的弧度,一邊彎折鐵絲一邊將它縫在不織布上。此時請勿在不織布正面留下針腳。

7

再次與圓圈縫在一起。

8

以斜口鉗將多餘的鐵絲剪斷。

9

仔細縫起鐵絲剪斷處,打結固定。

10

縫完鐵絲的樣子。鐵絲大約依照花瓣的形狀繞,不織布剪開的部分、或中心較為狹窄處,請勿讓鐵絲碰在一起。

11

使用指定的顏色進行刺繡(參考P.17 **Tech1**)。添加了鐵絲的花瓣完成。

Technique 6

將線纏繞在木珠上

12

塗抹少許黏膠在木珠上。

13

將繡線【深綠色[1]】的線頭放在黏膠上。

14

線穿過針後,將針穿過木珠的孔,開始纏線。

15

重複讓針穿過木珠的孔,將線纏繞在木珠上。

16

請注意在繞的時候,讓線靠著線,勿露出空隙。

17

將木珠捲完線的樣子(請勿將線剪斷)。

Technique 7　將線纏繞在木珠上，並加上鐵絲

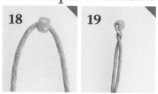
18 **19**

將小圓珠（綠色）穿過 #24（DG）鐵絲，挪至中間位置，將鐵絲折一半後，於珠子底部扭轉2至3次。

20
線

將錐子穿過木珠的孔，使鐵絲較容易穿過。請勿讓木珠破掉。

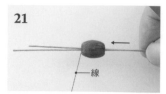
21
線

將步驟**19**的鐵絲穿過木珠。留心穿過去的方向。

22

將小圓珠的底部塗上黏膠。

Technique 8　將附有鐵絲的花蕊穿過花瓣並黏合

23

拉下鐵絲，使小圓珠黏在木珠上。

24

剪斷剩下的絲線。附有鐵絲的木珠製作即完成。

25
花蕊

使用相同的木珠、小圓珠（黃色）與繡線【綠色[1]】、#24鐵絲（DG），以步驟**12**至**24**的方法製作花蕊。

26

以錐子從正面穿過花瓣中心，開出讓附鐵絲花蕊可以通過的洞。

27

將花蕊的鐵絲由花瓣正面穿過。

28

在花蕊的木珠底部塗上黏膠。

29

拉下鐵絲使木珠黏合在花瓣上。

30

為每片花瓣彎折出不同樣貌。

31

為使花形變得圓潤，可將手掌從花瓣整體背後包覆花瓣後輕壓。

32

附鐵絲的花朵製作即完成。

Technique 9　將刺繡零件黏貼在附鐵絲的捲線木珠上

33
花苞芯
花苞用葉片

以步驟**12**至**24**相同方式製作花苞芯｛木珠、大圓珠（紅色）、與繡線【紅色[1]】、#24鐵絲（DG）｝；並參考P.17 **Tech1** 製作花苞的葉片。

34
（背面）

以錐子從背面穿過花苞葉片的中心，開出讓附鐵絲花苞芯可以通過的洞。

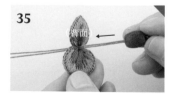
35
（背面）

將花苞芯鐵絲由花苞葉片背面穿過。

36
（背面）

將花苞葉片較小的那邊塗上整面黏膠。

37

將葉片貼在花苞芯上。

38

較大的葉片也塗上黏膠後，貼在花苞芯上。

39

附鐵絲的花苞即完成。

Technique 10
將線纏繞在鐵絲上製作花莖

40

在花朵的鐵絲上薄薄塗一層黏膠。

41

線

將花莖用的繡線【深綠色[1]】的線頭沿著鐵絲黏好。

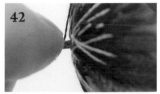

42

捲線時,請勿與花朵之間露出空隙。從花朵邊緣到鐵絲約6cm處,慢慢地塗上一層薄薄黏膠後纏線,重複以上動作。

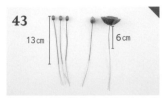

43

13cm　6cm

花朵、果實及花苞的鐵絲,各自將線捲到自己需要的長度。

44

彎折出不同樣貌。花莖即完成。

Technique 11
捆綁附花莖的花朵及花苞並處理尾端

45

留意花朵、果實及花苞的平衡後綁起,在鐵絲上稍微塗一點黏膠。

46

以繡線【深綠色[1]】重疊在步驟43捲好的線上,長度依個人需求製作。

47

纏到一半時,可先以斜口鉗將多餘的鐵絲剪斷。

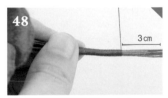

48

3cm

一直捲到最尾端剩下3cm左右。

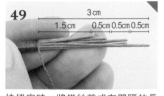

49

3cm
1.5cm　0.5cm 0.5cm 0.5cm

快捲完時,將鐵絲剪成有間隔的長度落差。

50

★

塗上黏膠之後,將線捲到最尾端。

51

★

以鉗子將鐵絲的★位置彎折。

52

★

依照箭頭(→)方向繼續纏線。

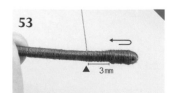

53

3mm

纏到尾端後,再依照箭頭(←)方向纏到▲位置為止。

54

纏完之後,將黏膠塗在線上,並將線黏在花莖上之後剪斷。

55

以鉗子調整鐵絲方向。

長莢罌粟花即完成。

8. 波斯菊
作法：P.74

Making Point

若將刺繡零件貼在木珠上，
就會成為貌似即將綻放的花
苞。花朵是只有一層的簡單
構造，但由於花蕊使用了珍
珠花蕊，因此能夠作出宛如
在風中搖擺的纖細波斯菊。

9. 金絲桃
作法：P.73

11. 雪花蓮
作法：P.68

10. 越前水仙
作法：P.76

12. 鈴蘭
作法：P.68

越前水仙的花苞

1

（背面）

以錐子在花苞用花瓣的背面中間開
洞，將花苞芯｛木珠及大圓珠｝的鐵
絲穿過。

2

將三片花瓣背面整面塗上黏膠，沿
著花苞芯貼好。

金絲桃的雌蕊

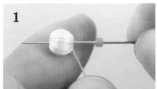

1

將木珠（R小）纏好繡線【淡黃色
[1]】，將針穿過小圓珠（黃色）以
後，再穿回木珠的孔。

2

拉線固定小圓珠。

3

將線頭留下2至3mm後剪斷。

4

花蕊即完成。

金絲桃的果實

1

（背面）

以錐子在果實用葉片背面中間開洞，
將果實的芯｛纏好線的木珠（N大）
及小圓珠（紅色）｝的鐵絲穿過。

2

（背面）

將四片葉子背面整面塗上黏膠，拉
到果實芯的底部。

3

貼好對方形線的兩片葉子。

4

將剩下兩片葉子貼好。

波斯菊的花苞

1

（背面）

以錐子在花苞用花瓣背面中間開
洞，將花苞芯｛木珠及琥珀色珠
子｝的鐵絲穿過。將對角線上的四
片花瓣背面整面塗上黏膠。

2

將四片花瓣沿著花苞芯貼好。

3

將剩下的四片花瓣也塗上黏膠，黏
在步驟**2**的花瓣外側。

雪花蓮的花朵

1

（背面）

以錐子在花瓣背面中間開洞，將花
蕊｛捲上線的木珠（N大）及大圓
珠｝的鐵絲穿過去，並將三片花瓣
背面靠中央處塗上黏膠。

2

將花瓣沿著花蕊貼好。

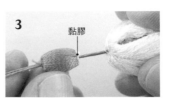

3

黏膠

將花萼｛纏好線的木珠（N小）｝穿
過鐵絲，塗上黏膠。

III 將線纏繞在底紙上製作花卉

將線纏繞在底紙上，纏好的線會成為花瓣或花蕊。

14. 雛菊
作法：P.79

13. 秋牡丹
作法：P.77

16. 春紫苑
作法：P.29

15. 蒲公英
作法：P.79

Making Point

將宛如梳子狀相連的繡線捲起，表現出毛絨絨的花蕊及花瓣。由於會顯露出絲線的斷面，因此能夠欣賞與繡線不同的質感及顏色。這是最適合用來製作有著纖細線狀花瓣的技巧。

✿✿✿✿✾

16. 春紫苑

5 cm
4 cm
6 cm

作品頁數：P.5,28
完成尺寸：寬6×長15cm

材料

〈25 號繡線〉
原色（ECRU）
綠色（470）
深綠色（469）

〈不織布〉
綠色（442）
　6×3 cm …3 張《葉片》
　3 cm方形 …2 張《花萼》

〈鐵絲〉
#24（DG）36 cm
　…5 支《花朵＋葉片》
#26（DG）36 cm
　…3 支
　《大花苞＋小花苞》

〈珠子〉
小圓（No51／白色）
　…3 個
　《大花苞＋小花苞》
木珠（R 小／原色）
　…2 個《小花苞》
木珠（R 大／原色）
　…1 個《大花苞》

〈其他〉
毛球（黃色）直徑 10mm
　…2 個《花蕊》

作法

＊不織布之裁剪請參考P.107

1 製作兩朵花。（參考P.29 Tech12、P.30 Tech13）

2 製作兩支有花萼及花莖的花。（參考P.30 Tech14）

3 製作三支附鐵絲的葉片。（參考P.31 Tech15）

4 製作兩支附花莖的小花苞，一支附花莖的大花苞。（參考下圖）

5 將繡線【深綠色[1]】纏繞在花朵、花苞與葉片的鐵絲上，製作花莖。
（參考P.25 Tech10）

6 將花、花苞及葉片捆綁在一起，以繡線【深綠色[1]】纏繞鐵絲並處理
尾端。（參考P.25 Tech11）

原寸紙型

＊紙型的使用方法請參考P.3
＊[ ]內為繡線股數
＊紙型內的線條為刺繡針腳方向

不織布：
花萼・2片・綠色

❶
❸
❹

不織布：葉片・3片・綠色
❶綠色　毛邊繡[2]
❷#24鐵絲（DG）
❸綠色　緞面繡[3]
❹深綠色　緞面繡[2]

製作附花莖的花苞

小圓珠子
小花苞
小圓珠子
將繡線【綠色[1]】纏繞在木珠（R小）上
2cm
1.5cm
1cm
大花苞
將繡線【原色[1]】纏繞在木珠（R大）上

將小圓珠穿過＃26鐵絲（DG）後，再穿過捲好繡線的木珠。以繡線【深綠色[1]】纏繞鐵絲，製作為花莖，將三支綁在一起後，繼續纏繞絲線。（作法請參考P.23的步驟12至24）

Technique 12
製作捲線用底紙

此為製作春紫苑、秋牡丹、頭狀薰衣草、蒲公英、雛菊等花朵時，需要使用的底紙。請依花朵大小變更底紙的寬度為1cm、1.5cm、2cm再捲上絲線。

所需材料
透明資料夾
透明膠帶

1
將透明資料夾切割為指定寬度。製作春紫苑，則需裁切成2cm寬。

2
上下都貼上透明膠帶，請包住兩邊。

3
短邊也以透明膠帶貼上，包住邊緣。

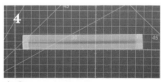

4
完成。

Technique 13

將線纏繞在底紙上
製作花瓣或花蕊

1

將繡線【原色[6]】以紙膠帶貼在寬
2cm的捲線底紙上固定。

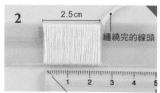

2

纏繞約30次，讓寬度成2.5cm。在纏
繞時，請勿使線與線間留下任何空
隙。纏完之後的線，以紙膠帶固定
在上邊的背面。

3

以竹籤將黏膠擦拭塗抹在捲完線的
另一邊。

＊為使讀者清楚，在此使用貼上顏色較為顯眼的縫線。實際製作時請使用繡線【原色[2]】黏貼。

4

貼上長度10cm左右的繡線【原色
[2]】，等待十分鐘後乾燥。

5

將步驟4貼上的線多餘處剪掉。

6

剪斷未塗膠那側的線圈。

7

將線從底紙上取下，並展開線頭。

8

將展開的凹陷處塗上黏膠。

9

將塗好黏膠的那面作為裡面，將整
片摺成兩半後，黏合左右。

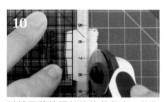

10

以輪刀將線頭前端修剪整齊，約為
1.5cm左右。

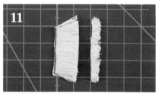

11

修剪整齊的樣子。

12

將整片邊緣的角落塗上黏膠。

13

將兩端貼在一起，作成一個圓圈。

14

以梳子整理線頭。

15

在毛球塗上一圈黏膠。

16

將毛球貼在展開的線頭中間，花朵
即完成。

Technique 14

製作附鐵絲
的花萼

17

將#24鐵絲（DG）對折，以鉗子將
中央交叉後，折出直徑3mm的圓圈。

18

將交叉的鐵絲底部扭轉2至3次。

19

以鉗子將圓圈折成直角。

20

以錐子在花萼用不織布中心打洞。

21

將步驟**19**的鐵絲穿過花萼，在圓圈上塗抹黏膠。

22

拉下鐵絲，將鐵絲的圓圈黏貼在花萼上，將黏膠抹開。

Technique 15　製作附鐵絲（葉莖）的葉片

23

在花朵背面貼上附鐵絲的花萼。

24

以指尖壓緊花萼與花，使兩者貼合固定。

25

附花萼及鐵絲的花朵即完成。

26

準備葉片用不織布。

27

以❶繡線繡上毛邊繡。（P.17 **Tech1** 參考）

28

參考P.30的步驟**17**，將＃24鐵絲（DG）的中央作出一個圓圈。以❶繡線[1]將鐵絲縫好固定參考**Tech5**）。多出葉片的鐵絲請勿剪斷，請留下來。

29

使用指定的繡線為葉片進行緞面繡（參考P.17 **Tech1**），並將繡線【深綠色[1]】纏在鐵絲上（參考P.25 **Tech10**），製成葉莖。附葉莖的葉片即完成。

將花朵、花苞與葉片捆綁在一起，春紫苑即完成。

Technique 16

使用捲線底紙的技巧
製作雛菊。
雛菊需要寬1.5cm
及寬2cm的底紙。

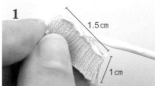

1

將繡線【黃色[6]】纏繞在寬1.5cm的底紙上，纏繞約15次，寬度至1.5cm；毛束修剪為1cm。在貼了線的一邊塗上黏膠。

2

將步驟**1**的線條捲起。花蕊即完成。

3

將繡線【桃色[6]】纏繞在寬2cm的底紙上，纏繞約60次，寬度至7cm；毛束修剪為1.5cm。在貼了線的一邊塗上黏膠。花瓣即完成。

4

將步驟**3**的花瓣纏繞在步驟**2**的花蕊上。

5

趁黏膠半乾時進行纏繞，會比較容易製作。

6

請注意底面不要錯開。

以梳子調整毛束，
花朵即完成。

IV 將一片片獨立花瓣零件綁起來的花卉

將獨立的花瓣零件一片片組合，打造出花朵。

17.芍藥
作法：P.80

Making Point

將不織布裁剪為波浪形狀的花瓣，添加鐵絲後，再進行刺繡。將花瓣沿著珍珠花蕊排列，重疊幾層後綁起，便可製成豪華的芍藥。

20.番紅花
作法：P.81

18.百合
作法：P.35

19.鬱金香
作法：P.33

21.山茶花
作法：P.82

4.5 cm

9 cm

3.5 cm

A色　B色

✿✿✿✿✿ 19.鬱金香

作品頁數：P.5,32
完成尺寸：寬4×長17cm

材料

A色

〈25號繡線〉
淡黃色（726）
黃色（725）
深黃色（972）
淺綠色（989）
綠色（987）
深綠色（986）

〈不織布〉
黃色（332）
　8×5cm…6片
　《小花瓣＋大花瓣》
黃綠色（450）13×5cm
　…1張《葉片》
〈鐵絲〉
#24（DG）36cm
　…7支
《小花瓣＋大花瓣＋葉片》

B色

〈25號繡線〉
淺桃色（894）
桃色（893）
深桃色（891）
淺綠色（910）
綠色（909）
深綠色（3818）

〈不織布〉
桃色（103）
　8×5cm…6張
　《小花瓣＋大花瓣》
綠色（440）
　13×5cm…1張《葉片》
〈鐵絲〉
#24（DG）36cm…7支
《小花瓣＋大花瓣＋葉片》

作法

＊不織布裁法請參考P.107

1 製作一支附鐵絲的葉片、三支附鐵絲的小花瓣、三支附鐵絲的大花瓣。（參考P.31 **Tech15**）

2 將三支小花瓣及三支大花瓣綁在一起，製成附花莖的花朵。（參考P.34 **Tech17**）

3 將花朵及葉片綁在一起，使用繡線【深綠色[1]】纏繞鐵絲並處理尾端。（參考P.25 **Tech11**、P.34 **Tech17**）

原寸紙型

＊紙型的使用方法請參考P.3
＊〈　〉內為B色作品；[　]內為繡線股數
＊紙型內的線條為刺繡針腳方向

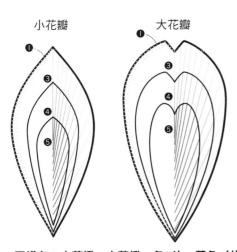

小花瓣　　大花瓣

不織布：大花瓣・小花瓣・各3片・黃色〈桃色〉
❶淺黃色〈淺桃色〉　毛邊繡[2]
❷#24鐵絲（DG）
❸淺黃色〈淺桃色〉　緞面繡[3]
❹黃色〈桃色〉　緞面繡[2]
❺深黃色〈深桃色〉　緞面繡[2]

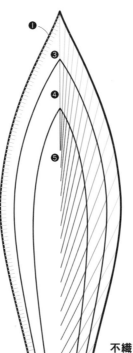

不織布：葉片・1片・黃綠色〈綠色〉
❶淺綠色〈淺綠色〉　毛邊繡[2]
❷#24鐵絲（DG）
❸淺綠色〈淺綠色〉　緞面繡[3]
❹綠色〈綠色〉　緞面繡[2]
❺深綠色〈深綠色〉　緞面繡[2]

Technique 17

將附鐵絲的花瓣及葉片
綁在一起製作花莖

1

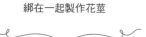

小花瓣　　大花瓣　　葉片

參考 P.31 **Tech15** 準備附鐵絲的零件。

2

（正面）→

為花瓣彎折出不同樣貌，將正面朝上、稍微彎折底部，使花瓣具弧度。

3

（背面）

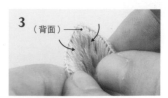

將花瓣稍微往背面彎曲。

4

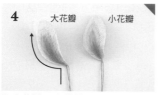

大花瓣　　小花瓣

為小花瓣及大花瓣分別作出不同樣貌。

5

（正面）

將三片小花瓣綁起。

6

將綁在一起的鐵絲塗上一層薄薄的黏膠後，使用繡線【深綠色[1]】纏繞2至3次。請勿將線剪斷。

7

將大花瓣綁在小花瓣外層，請讓大小花瓣錯開與小花瓣的位置。將步驟**6**的線從縫隙間拉到外面。

8

將綁在一起的鐵絲塗上一層薄薄的黏膠，同時將步驟**7**的繡線【深綠色[1]】繼續纏繞，直到纏完需要的長度（9cm）。附花莖的花朵即完成。

9

（正面）

添上葉片。

10

將步驟**8**剩下的線連同葉片根部一起纏繞。

將線纏繞到尾端後，為鐵絲尾端作處理（參考 P.25 **Tech11**）。鬱金香即完成。

＊為使讀者清楚，在此使用顏色較為顯眼的縫線。實際製作時，請使用繡線【橘色[1]】縫製。

Technique 18

組合
百合花瓣

1

（背面）
（背面）

將兩片大花瓣的正面中間疊合，將線穿過針並打好結後，連針帶線穿過兩片花瓣毛邊繡及不織布的縫隙間。

2

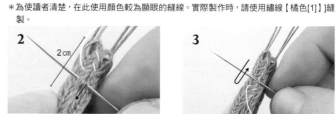

2cm

將針穿過毛邊繡與不織布之間，纏繞固定約2cm左右。

3

繞回一開始纏繞的位置。

4

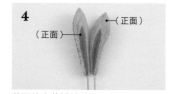

（正面）
（正面）

將兩片大花瓣纏繞在一起的樣子。

5

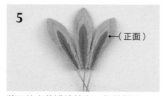

（正面）

將三片大花瓣纏繞在一起的樣子。

6

（正面）

將第一片及第三片以相同的方法纏繞在一起，成為筒狀。

7

大花瓣
小花瓣

將花蕊（參考P.64 **Tech35**）穿過大花瓣的中心，將小花瓣與大花瓣錯開後綁起。將線纏繞在鐵絲上（參考P.35「花莖作法」），百合即完成。

✿✿✿✿✿
18. 百合

作品頁數：P.11,32,59
完成尺寸：寬9×長16㎝

1㎝
10㎝
A色　B色

材料

A色
〈25 號繡線〉
橘色（741）
淡朱色（946）
朱色（900）
棕色（975）
黃綠色（471）
綠色（937）
〈不織布〉
橘色（370）
9×4 ㎝…6 張
《小花瓣＋大花瓣》

〈鐵絲〉
#26（DG）36 ㎝…6 支
《小花瓣＋大花瓣》
#28（LG）36 ㎝
…6 支《雄蕊》
〈其他〉
百合花珍珠花蕊…1 支
《雌蕊》
壓克力顏料（yellow、
ocher、orange）
…適量《雌蕊》
B色
〈25 號繡線〉
原色（ECRU）
淡黃綠色（165）

黃綠色（166）
黃色（3852）
綠色（3362）
〈不織布〉
白色（701）
9×4 ㎝…6 張
《小花瓣＋大花瓣》
〈鐵絲〉
#26（DG）36 ㎝…6 支
《小花瓣＋大花瓣》
#28（LG）36 ㎝
…6 支《雄蕊》
〈其他〉
百合花珍珠花蕊…1 支《雌蕊》

作法

＊不織布裁法請參考P.107

1 製作三支附鐵絲的小花瓣、三支附鐵絲的大花瓣。（參考P.31 **Tech15**）

2 製作六支雄蕊（P.64 **Tech35**參考）。B色作品的花蕊使用繡線【黃色[1]】與【黃綠色[1]】纏繞在 #28鐵絲（LG）上製作。

3 以百合花珍珠花蕊製作1支雌蕊。以壓克力顏料使A色作品的珍珠花蕊上色，B色的珍珠花蕊不需上色。（上色請參考P.49 **Tech23**）

4 將雄蕊及雌蕊綁在一起，製作一支花蕊。（參考P.64 **Tech35**）

5 將花瓣捲成筒狀，綁好花瓣及花蕊（參考P.34 **Tech18**）。並參考「花莖作法」作出附花莖的花朵。（參考下圖）

組合花朵

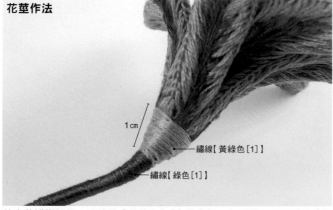

雌蕊（百合花珍珠花蕊）
雄蕊
大花瓣
小花瓣
大花瓣

將雌蕊放在中央，綁上雄蕊後製成花蕊，參考P.34 **Tech18**組合花朵。

花莖作法

1㎝
繡線【黃綠色[1]】
繡線【綠色[1]】

將小花瓣綁好後，以繡線【黃綠色[1]】將底部一起纏繞，再以繡線【綠色[1]】纏繞，製成花莖並處理鐵絲尾端（參考P.25 **Tech10，11**）。B色也是採相同作法與顏色。

原寸紙型

＊紙型的使用方法請參考P.3
＊〈 〉內為B色作品；[ ]內為繡線股數
＊紙型內的緯條為刺繡針腳方向

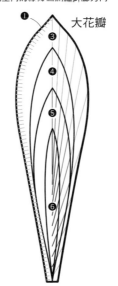

❶ 大花瓣 ❸ ❹ ❺ ❻

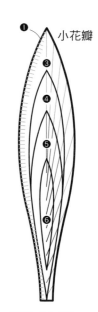

❶ 小花瓣 ❸ ❹ ❺ ❻

不織布：小花瓣・大花瓣・各3片・橙色〈白色〉

❶橙色〈原色〉　毛邊繡[2]
❷鐵絲#26（DG）
❸橙色〈原色〉　緞面繡[3]
❹橙色〈原色〉　緞面繡[2]
❺淡朱色〈淡黃綠色〉　緞面繡[2]
❻朱色〈黃綠色〉　緞面繡[1]

35

V 將塞了棉花的刺繡零件打造為花卉部分的花朵

本篇介紹的技巧，是將手工藝品用棉花，塞入刺繡用零件當中，作出圓形且立體的果實或花蕊。

24.瓜葉菊的葉
作法：P.85

22.百日菊
作法：P.83

（A色）

23.大丁草
作法：P.84

Making Point

將繡有細緻法國結粒繡的圓形刺繡零件周圍進行平針縫。一邊拉線，一邊塞入棉花，就能夠作出圓頂狀的大丁草花蕊。

24.瓜葉菊
作法：P.85

（B色）

25. 虞美人
作法：P.38

（A色）

（B色）

28. 草莓
作法：P.87

Making Point

將裁剪為扇形的不織布以緞
面繡縫滿，種子則使用雛菊
繡表現。將邊緣捲起、塞入
棉花後，拉緊袋口，加上蒂
頭後，就作出了草莓。再加
上野草莓的花朵及葉片也非
常棒。

26. 黑覆盆莓
作法：P.86

27. 三葉草＆白花苜蓿
作法：P.60

25.虞美人

作品頁數：P.37
完成尺寸：寬7×長7cm

A色　　　　B色

材料

A色

〈25號繡線〉
朱色（350）
深朱色（349）
紅色（304）
萌黃色（833）
黃綠色（166）

〈不織布〉
朱色（139）
　10cm方形…1張《花瓣》
　4cm方形…1張《保護用》

黃色（333）
　5cm方形…1張《雌蕊》

〈鐵絲〉
#30（白色）36cm
　…1支《雄蕊》
#24（白色）36cm
　…2支《花瓣》

〈其他〉
珍珠花蕊（原色中）
　…適量《雄蕊》
壓克力顏料（yellow）

…適量《雄蕊》
手工藝用棉花…適量《雌蕊》
棉線…適量《雌蕊》

B色

〈25號繡線〉
淡米色（712）
米色（739）
土黃色（738）
萌黃色（833）
黃綠色（166）

〈不織布〉
白色（701）
　10cm方形…1張《花瓣》
　4cm方形…1張《保護用》
黃色（333）
　5cm方形…1張《雌蕊》

〈鐵絲〉
#30（白色）36cm
　…1支《雄蕊》
#24（白色）36cm
　…2支《花瓣》

〈其他〉
珍珠花蕊（原色中）
　…適量《雄蕊》
壓克力顏料（yellow）
　…適量《雄蕊》
手工藝用棉花…適量《雌蕊》
棉線…適量《雌蕊》

作法

＊不織布裁法請參考P.107

1 製作一片加了鐵絲的花瓣。（參考P.23 **Tech5**）

2 製作一個雌蕊。（參考P.39 **Tech19**）

3 將珍珠花蕊上色後製作雄蕊，貼上雌蕊製作為花蕊。（參考P.39）

4 製作花朵。（參考P.39）

原寸紙型

＊紙型的使用方法請參考P.3
＊〈　〉內為B色作品；[　]內為繡線股數
＊紙型內的線條為刺繡針腳方向

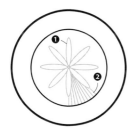

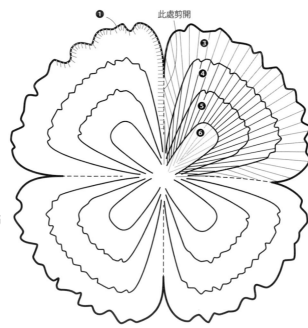

❶　　　此處剪開

不織布：雌蕊・1片・黃色〈黃色〉
❶黃綠色〈黃綠色〉　纏13次的捲線繡[2]
❷萌黃色〈萌黃色〉　以直線繡[2]將內側繡滿

不織布：花瓣・1片・朱色〈白色〉
❶朱色〈淡米色〉　毛邊繡[2]
❷#24鐵絲（白色）
❸朱色〈淡米色〉　緞面繡[3]
❹深朱色〈米色〉　緞面繡[2]
❺紅色〈土黃色〉　緞面繡[2]
❻萌黃色〈萌黃色〉　直線繡[1]

不織布：保護用・1片・朱色〈白色〉

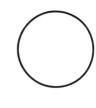

Technique 19
將手工藝用棉花
塞入刺繡零件中

1

準備好雌蕊用的不織布。

2

以指定的顏色進行刺繡。

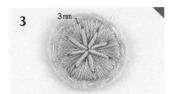

3

以打好結的棉線在刺繡的外側以平
針縫縫一圈。

4

稍微拉一下線，使其收縮。

5

將手工藝用棉花塞入。

6

拉緊線，使袋口縮起。以十字縫縫
合袋口，打結固定。

7

雌蕊即完成。

製作花蕊（雄蕊的上色方法請參考 P.49 Tech23 參考）

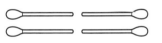

將完成上色的珍珠花蕊剪成兩半

以鐵絲捆住珍珠花
蕊由蕊頭向下算2cm
處，並扭緊鐵絲。以
斜口鉗將多餘的珍
珠花蕊剪掉。

將珍珠花蕊的底
部與綁起來的2
mm處塗上大量黏
膠，並待其完全
乾燥。

將珍珠花蕊捆成一束，製作為雄
蕊。將中心打開便成為雄蕊。

將步驟7的雌蕊背面塗上黏膠後，黏
在雄蕊上，並待其完全乾燥。花蕊
即完成。

製作花朵

在花瓣中心以錐子打個洞，
使綁好的花蕊可穿過。

花蕊綁起來底部約高至4mm處塗上黏
膠，將鐵絲穿過花瓣上打的孔後，
黏貼固定。

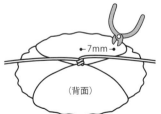

將花蕊的兩支鐵絲左右展開，留下
約7mm長度後，以斜口鉗剪斷。

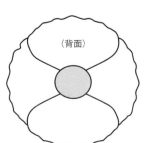

（背面）

在保護用不織布塗上黏膠，貼在花
朵背面遮住鐵絲。

為花瓣調整出不同樣貌，
虞美人即完成。

VI 塑造黏土成型後製作花朵

將油畫顏料或壓克力顏料混進樹脂黏土當中，製作果實或花蕊。

30. 藍色雛菊
作法：P.88

29. 野草莓
作法：P.61

32. 野玫瑰
作法：P.91

33. 橄欖
作法：P.42

31. 粉紅瑪格麗特
作法：P.88

35.瑪格麗特
作法：P.92

Making Point

將上色的樹脂黏土捏出形狀，固定在鐵絲尖端。乾燥後，塗上透明漆，便成了具有光澤的花蕊。這是想為作品添加些不要太搶眼的亮度時，非常有效的方法。

34.藍莓
作法：P.90

36.槲寄生
作法：P.90

33. 橄欖

✿✿✿✿✿

作品頁數：P.40
完成尺寸：寬7×長16cm

5cm

7cm

4cm

材料

〈25號繡線〉
淺綠色（368）
綠色（320）
深綠色（367）
棕色（938）

〈不織布〉
綠色（444）7×3cm…6張
《葉片》

〈鐵絲〉
#21（DG）18cm…5支《果實》
#28（DG）36cm…6支《葉片》

〈其他〉
樹脂黏土（白色）…適量《果實》
油畫顏料
（lamp black、sap green、
permanent yellow light）
…適量《果實》
水性壓克力顏料亮光漆
（半光澤）…適量《果實》

作法

＊不織布裁法請參考P.107

1 製作六支附鐵絲的葉片。（參考P.31 **Tech15**）

2 製作五支附鐵絲的果實。（參考P.42 **Tech20**、P.43 **Tech21**）

3 使用繡線【棕色[1]】纏繞葉片的鐵絲；並使用繡線【深綠色[1]】纏繞果實的鐵絲，製作為葉莖及花莖。（參考P.25 **Tech10**）

4 將葉片及果實捆綁在一起，以繡線【棕色[1]】纏繞並處理尾端。（參考P.25 **Tech11**及下圖）

將葉片及果實捆在一起

將橄欖的鐵絲稍微錯開位置後，捆綁在一起，使用繡線【深綠色[1]】纏繞鐵絲。

將兩支葉片稍微錯開位置後，捆綁在一起，使用繡線【棕色[1]】纏繞鐵絲。

將橄欖及葉片捆綁在一起後，使用繡線【棕色[1]】纏繞鐵絲。

原寸紙型

＊紙型的使用方法請參考P.3
＊[　]為繡線股數
＊紙型內的線條為刺繡針腳方向

❶
❸
❹
❺

0.6cm

黏土

1.6cm

1cm

果實尺寸約略大小

不織布：葉片・6片・綠色

❶綠色　毛邊繡[2]
❷#28鐵絲（DG）
❸綠色　緞面繡[3]
❹深綠色　緞面繡[2]
❺淺綠色　回針繡[1]

Technique 20

將顏料混進
黏土當中

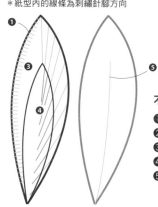

1

放少許材料中的油畫顏料在樹脂黏土上。

2

將顏料包在黏土內側後，開始揉捏。

★混在黏土當中的顏料

若顏料的量過多，會造成黏土過於沾手，乾燥也很花時間。另外，油畫顏料的顯色度會比壓克力顏料好。

3

重複揉捏黏土，使其逐漸上色，直到調整出喜歡的顏色。

4

取適量黏土，捏為橄欖的形狀。

5

尖端　　底部

1cm

1.6cm

將橄欖捏成形的樣子。

若表面出現裂痕，請添加少量的水後重新捏製。

Technique 21

以黏土製作
果實或花蕊

1

使用圓頭鉗折彎＃21鐵絲（DG）的前端，作出一個直徑3mm的圓圈。

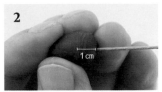

2

將鐵絲的圓圈自橄欖根部處插入黏土約1cm，再次調整橄欖的形狀並待其乾燥。

3

塗上水性壓克力顏料亮光漆後，待其乾燥。

槲寄生的果實作法

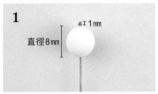

1
直徑8mm　工1mm

以未上色的黏土捏製出球形。＃24鐵絲（DG）的前端不需要作出圓圈，直接穿過整顆球形，待其乾燥。

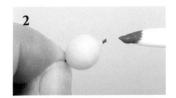

2

以壓克力顏料為穿出來的鐵絲頭上色，待其乾燥。

3

以水性壓克力顏料亮光漆塗在黏土及鐵絲頭上後，待其乾燥。

野玫瑰的果實作法

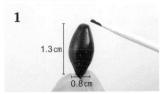

1
1.3cm
0.8cm

將上色的黏土捏製成果實形狀後，將前端作好直徑3mm圓圈的鐵絲插入當中，待其乾燥。果實前端塗上壓克力顏料後，待其乾燥。塗上水性壓克力顏料亮光漆，再待其乾燥。

野草莓的果實作法

1
0.4cm
1.4～1.8cm

將上色的黏土捏製成果實形狀，插入前端作好直徑3mm圓圈的＃21鐵絲（DG）。

2

以竹籤為草莓點出種子的圖樣，待其乾燥。

3

塗上水性壓克力顏料亮光漆後，待其乾燥。

★**捏製黏土**

若捏製中產生裂痕，就要從頭揉捏成形。已開封的黏土、或有些乾燥感的黏土，可以加上一點水之後再重新揉捏。

★**黏土乾燥時間**

若無上色，大約須放置一週乾燥。若使用顏料上色，請放至兩週左右使其乾燥。

★**壓克力顏料乾燥時間**

大約放置1至2天使其乾燥。

★**水性壓克力顏料亮光漆 的乾燥時間**

大約放置一週左右使其乾燥。

★**顏料使用方式**

顏料的成分當中可能含有危險化合物。若是上面有AP記號，或者記載為學童用的則較為安全。

藍色雛菊・粉紅瑪格麗特・瑪格麗特的花蕊作法

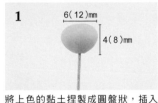

1
6（12）mm
4（8）mm

將上色的黏土捏製成圓盤狀，插入前端作好直徑3mm圓圈的＃21鐵絲（DG）。＊（ ）內為瑪格麗特的尺寸。

2

以竹籤將整體作出花樣，待其乾燥。

3

塗上水性壓克力顏料亮光漆，待其乾燥。

藍莓的果實作法

1
直徑8mm

將上色的黏土捏製成球形，插入前端作好直徑3mm圓圈的＃21鐵絲（DG）。

2

以小木棍插入黏土圓頭那邊，向外挖開作出凹陷狀，待其乾燥。

3

塗上水性壓克力顏料亮光漆，待其乾燥。

Ⅶ 將毛線球打造為花朵的一部分

毛絨絨的繡線線頭，可用來製為可愛的花朵或花蕊。

39.法絨花
作法：P.93

（A色）

40.玫瑰
作法：P.95

（B色）

37.山防風
作法：P.93

38.薊花
作法：P.45

44

38. 薊花

作品頁數：P.4,44
完成尺寸：寬5×長15cm

材料

〈25號繡線〉
紫紅色（915）
淺綠色（3813）
綠色（501）
深綠色（500）

〈不織布〉
綠色（449）
　3×5cm…2張《花萼》
　10×4cm…1張《葉片》

〈鐵絲〉
#24（DG）36cm
　…3支《花朵＋葉片》

〈其他〉
棉線…適量《花朵》

作法

＊不織布裁法請參考P.107

1 製作一支附鐵絲的葉片。（參考P.31 **Tech15**）

2 製作兩支附鐵絲的花瓣。（參考P.45 **Tech22**）

3 製作兩片花萼。（參考P.46步驟**9**至**15**）

4 製作兩支附花萼及鐵絲的花朵。（參考P.46步驟**16**至**24**）

5 將繡線【深綠色[1]】纏繞在花朵的鐵絲上，製作花莖。（參考P.25 **Tech10**）

6 將花朵與葉片綁起，使用繡線【深綠色[1]】纏繞鐵絲並處理尾端。（參考P.25 **Tech11**）

原寸紙型

＊紙型的使用方法請參考P.3
＊[　]內為繡線股數
＊紙型內的線條為刺繡針腳方向

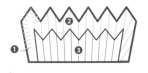

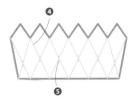

不織布：花萼・2片・綠色
❶綠色　毛邊繡[2]
❷綠色　緞面繡[2]
❸深綠色　緞面繡[1]
❹淺綠色　直線繡[1]
❺淺綠色　直線繡[1]

不織布：葉片・1片・綠色
❶綠色　毛邊繡[2]
❷#24鐵絲（DG）
❸綠色　緞面繡[2]
❹深綠色　緞面繡[2]

Technique 22
使用毛線球製作工具
作出附鐵絲的花瓣

1 將繡線【紫紅色[6]】纏繞在毛線球製作工具（35mm）上，上下各繞30次（共計60次）。

2 剪斷繡線。

3 將棉線穿過打結。

4 拆開毛線球製作工具（詳細請參考商品說明書）。

5 將綁起毛線球的棉線稍微往旁邊移一些，將對折的#24鐵絲（DG）夾住毛線。

6 將鐵絲底部扭2至3次固定。

7 剪斷棉線後，將其取下。

8

以梳子整理線頭。附鐵絲的花瓣即完成。

9

準備好花萼的不織布後,進行刺繡。(參考P.17 **Tech1**)

10

（正面）

底邊

使用繡線❹完成直線繡。

11

為了固定交錯的針腳,使用繡線❺進行直線繡。

12

靠花瓣側

（正面）

縫製方向

底邊

將花萼正面朝外對折。以打了結的繡線【深綠色[1]】穿過針之後由★處入針。

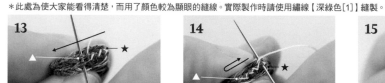

＊此處為使大家能看得清楚,而用了顏色較為顯眼的縫線。實際製作時請使用繡線【深綠色[1]】縫製。

13

將針穿過毛邊繡與不織布的空隙間,一路纏繞至▲位置。

14

纏繞至▲位置後,再纏繞回★處。於★處重複縫2至3次。

15

繼續以同一條線在底邊以平針縫縫一圈。請勿剪斷線。花萼即完成。

16

將步驟**8**的花瓣鐵絲穿過花萼。

17

在花瓣底部塗一些黏膠。

18

拉下鐵絲,將花瓣確實黏貼在花萼上。

19

將步驟**15**平針縫留下的線拉緊,在鐵絲上塗一層薄薄的黏膠,以線纏繞鐵絲。

20

將線纏繞在鐵絲上2至3次。請勿剪斷線。

21

將另一條繡線【綠色[1]】穿過並打結。將針刺進花萼與花瓣之間,將結藏起。

22

將花萼凹陷處縫一圈固定,稍微拉線使其收緊。

23

最後出針的位置

打好結後,將針穿過花萼與花朵之間,拉緊針、藏好線頭之後,於底邊根部將線剪斷。

24

以剪刀將線頭前端剪齊。

25

將鐵絲慢慢塗上黏膠,使用步驟**20**剩下的繡線【深綠色[1]】纏繞至需要的長度。附花莖的花朵即完成。

將花朵與葉片捆綁在一起,薊花即完成。

VIII 以珍珠花蕊製作為花蕊的花朵

花朵不可或缺的要素便是"花蕊"。將珍珠花蕊綁起來,便能作出更像真花的作品。

41.櫻花
作法:P.96

Making Point

將線纏繞在鐵絲上,製成支撐花苞的花萼。在葉片的緞面繡上增加飛行繡呈現葉片的樣貌。將使用珍珠花蕊製作的花朵與這些素材綁在一起,便成了細緻的櫻花。

(A色)

(B色)

42.大花山茱萸
作法:P.48

A色　　　B色

42.大花山茱萸

作品頁數：P.47
完成尺寸：寬7×長7㎝

材料

A 色

〈25 號繡線〉
桃色（3354）
深桃色（3731）
淡粉紅色（819）
綠色（3011）

〈不織布〉
桃色（103）
　9㎝方形…1片《花瓣》
　4㎝方形…1片《保護用》

〈鐵絲〉
#24（白色）36㎝
　…2支《花瓣》
#28（白色）36㎝
　…1支《花蕊》

〈其他〉
珍珠花蕊（原色大）
　…適量《花蕊》
壓克力顏料
（Yellow Green、
Burnt Umber、Yellow
Ocher）…適量《花蕊》

B 色

〈25 號繡線〉
淡米色（712）
灰色（644）
黃綠色（3348）
土黃色（3864）

〈不織布〉
白色（701）
　9㎝方形…1片《花瓣》
　4㎝方形…1片《保護用》

〈鐵絲〉
#24（白色）36㎝
　…2支《花瓣》
#28（白色）36㎝
　…1支《花蕊》

〈其他〉
珍珠花蕊（原色大）
　…適量《花蕊》
壓克力顏料
（yellow、Burnt Umber、
Middle Green…適量《花蕊》

作法

＊不織布裁法請參考 P.107

1　將珍珠花蕊上色後，綁在一起作成一束花蕊。（參考 P.49 **Tech23**）
2　製作一片加了鐵絲的花瓣。（參考 P.23 **Tech5**）
3　製作花朵。（參考 P.49 **Tech24**）

原寸紙型

＊紙型的使用方法請參考 P.3
＊〈　〉內為 B 色作品；［　］為繡線股數
＊紙型內的線條為刺繡針腳方向

不織布：保護用・1片・桃色〈白色〉

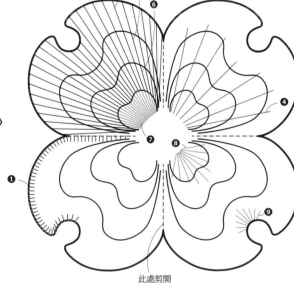

此處剪開

不織布：花瓣・1片・桃色〈白色〉

❶桃色〈淺米色〉　毛邊繡［2］
❷#24鐵絲（白色）
❸桃色〈淺米色〉　緞面繡［3］
❹深桃色〈灰色〉　裂線繡［2］
❺桃色〈淺米色〉　緞面繡［2］
❻桃色〈淺米色〉　緞面繡［2］
❼桃色〈淺米色〉　緞面繡［2］
❽淺粉紅色〈黃綠色〉　直線繡［1］
❾綠色〈土黃色〉　直線繡［1］
＊❹的裂線繡之間繡上❺、❻、❼的緞面繡

Technique 23
使用珍珠花蕊 製作花蕊

1

以水溶解壓克力顏料，並請一邊確認顏色。

2

珍珠花蕊很容易融化，所以將整束快速的泡一下顏料。

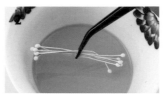

3

將珍珠花蕊放在海綿上，每支分開放。偶爾翻個面，待其完全乾燥。

4

以斜口鉗剪成兩半。

5

將蕊頭對齊之後綁好，將#28鐵絲（白色）對折，夾住花蕊後，於底部扭轉2至3次固定。

6

將花蕊自步驟5綁好處向下2mm處以斜口鉗剪去多餘部分。

7

將黏膠大量塗在花蕊綁起處至向上2mm處。

Technique 24　將附鐵絲的花蕊穿過花瓣，並貼上保護用不織布

8

將鐵絲插在海綿上，待其完全乾燥。花蕊即完成。

9

參考P.23 **Tech5**，製作一片加了鐵絲的花瓣。

10

在花瓣中心由正面以錐子打個洞。

11

在花蕊綁起來至向上2mm處塗上黏膠。

12

將花蕊的鐵絲由正面穿過花瓣。

13

將珍珠花蕊黏貼在花瓣上，使手掌包覆在花瓣整體後，並將花瓣緊壓在花蕊上。

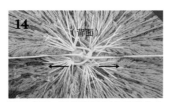

14

翻至背面，將花蕊的兩支鐵絲左右展開。

15

將鐵絲留下7mm左右，多餘的部分以斜口鉗剪斷。

16

準備好保護用不織布。

17

將保護用不織布塗上黏膠，貼在花朵背面遮住鐵絲。

18

背面貼好保護用不織布的樣子。

為花瓣營造出不同樣貌，大花山茱萸即完成。

43. 聖誕玫瑰
作法：P.98

Making Point

將捆綁起的珍珠花蕊周遭
再貼上更多珍珠花蕊，作出
兩層的結構。只要多加點功
夫、添上這些花蕊，就能夠
作出細緻又更宛如真花綻放
樣貌的作品。

（A色）

44. 銀蓮花
作法：P.99

32. 野玫瑰
作法：P.91

（B色）

Technique 25
使用雙層結構珍珠花蕊
製作花蕊

野草莓的花蕊作法

1 2mm 5mm

與P.49 **Tech23**相同方式，將珍珠花蕊（原色小）上色後捆起，製作為內側花蕊。

2

將上色的花蕊（原色中）長度剪為1cm左右。

3

將步驟1的珍珠花蕊（原色小）外圍塗上黏膠，並使用鑷子，將珍珠花蕊（原色中）黏貼在外側。待其完全乾燥。

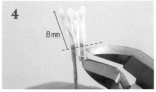

4 8mm

將珍珠花蕊（原色中）多餘處以斜口鉗剪去。

Technique 26
將花瓣貼在珍珠花蕊根部，
完成立體的
野草莓花瓣

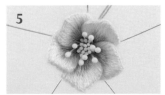

5

參考P.17 **Tech1**製作花瓣，並從正面以錐子打個洞，將花蕊的鐵絲穿過去。在花蕊根部塗上黏膠，貼在花瓣上。

6

將花瓣稍微立起，以珠針固定位置、待其乾燥。

★ 簡單的花蕊作法

推薦給不擅長將花蕊捆成一束的人。若有人製作時感到「無論如何都無法捆好」，就試試下面的方法吧！

1

將珍珠花蕊上色後，待其乾燥，將鐵絲勾在綁好的中央處，於鐵絲底部扭2至3次固定。

2

將珍珠花蕊對折。

3

將鐵絲勾在指定的位置上，於底部扭2至3次固定。

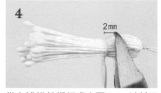

4 2mm

從上述鐵絲綁好處向下2mm，以斜口鉗剪斷。

5

在根底處塗多一些黏膠，待其完全乾燥。

6

花蕊即完成。

★ 關於花蕊的長度

鐵絲勾住花蕊的位置（●）會因作品而異。鐵絲下方的長度則是所有作品皆相同，留下2mm之後剪斷即可。

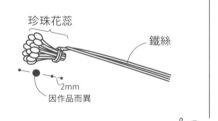

珍珠花蕊
鐵絲
2mm
因作品而異

IX 將毛球打造為花朵的一部分

使用化學纖維製成的毛球，可直接作為花蕊使用，
若貼上剪碎的線頭，就能製作任何顏色的花朵或花蕊。

45. 白晶菊
作法：P.100

46. 銀荊
作法：P.53

（B色）

（A色）

47. 野春菊
作法：P.101

✿✿✿✿✾
46.銀荊

作品頁數：P.52
完成尺寸：寬8×長15cm

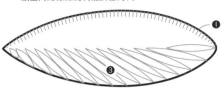

5.5 cm

6 cm

3.5 cm

材料

〈25 號繡線〉
黃色（726）《小花朵》
深黃色（725）《大花朵》
淺綠色（3347）
綠色（895）

〈不織布〉
綠色（442）
　　8×4 cm…3 張《葉片》

〈鐵絲〉
#30（DG）36 cm
　　…31 支《大花朵 + 小花朵》
#24（DG）36 cm
　　…3 支《葉片》

〈其他〉
毛球（黃色）
　　直徑 8 mm…12 個《小花朵》
　　直徑 10 mm…19 個《大花朵》

作法

＊不織布裁法請參考P.107

1 製作12個附鐵絲的小花朵、19個附鐵絲的大花朵。（參考P.53 **Tech27**）

2 製作三支附鐵絲的葉片。（參考P.31 **Tech15**）

3 將繡線【綠色[1]】纏繞在花朵的鐵絲上，製成花莖。（參考P.25 **Tech10**）

4 將花朵與葉片捆綁起來，使用繡線【綠色[1]】纏繞鐵絲並處理尾端。（參考P.25 **Tech11**）

原寸紙型

＊紙型的使用方法請參考P.3
＊[ ]內為繡線股數
＊紙型內的線條為刺繡針腳方向

❶

❸

不織布：葉片・3片・綠色

❶淺綠色　毛邊繡[2]
❷#24鐵絲（DG）
❸淺綠色　繞10至16次的捲線繡[4]

整合花朵

調整小花朵的方向並將3支捆在一起，以繡線【綠色[1]】纏繞鐵絲。

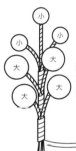

繼續將大花朵也捆起，再使用繡線【綠色[1]】纏繞鐵絲。

Technique 27
使用毛球
製作附鐵絲的花朵

1

將 #30鐵絲（DG）自中間對折，勾住毛球（8mm）。

2

將鐵絲底部扭2至3次固定。

3

將繡線【黃色[6]】剪下長度15cm後，以剪刀重複剪斷，使其成為細小線頭。

4

以竹籤將黏膠擦上毛球外層。

5

以指尖將步驟3中剪碎的線頭沾到毛球上。

6

充分貼上線頭。

7

小花朵即完成。以相同方式將繡線【深黃色[6]】貼到10mm毛球上，製作大花朵。

白晶菊的花蕊作法

以鉗子夾住步驟2中勾在鐵絲上的毛球，將其壓扁。與步驟3至6相同，貼上剪碎的線頭。

X 使用數種技巧製作花卉

同時使用前面介紹的幾種技巧表現花朵特徵。

*48.*頭狀薰衣草
作法：P.57

*49.*亞麻花
作法：P.58

（A色）

（B色）

*50.*鐵線蓮
作法：P.55

✿✿✿✿✿

50.鐵線蓮

A色

B色

作品頁數：P.54
完成尺寸：寬7×長7㎝

材料

A 色

〈25 號繡線〉
深紫色（154）
紫色（3834）
淺紫色（3836）
黃色（676）
淺奶油色（746）

〈不織布〉
紫色（668）
　　9 ㎝方形 … 2 張《花瓣》
黃色（333）
　　4 ㎝方形 … 1 張《雌蕊》

〈鐵絲〉
#24（白色）36 ㎝
　　… 2 支《花瓣》
#30（白色）12 ㎝
　　… 17 支《雄蕊》

〈珠子〉
木珠（R 大／原色）
　　… 1 個《雌蕊》
大圓珠（No148F）
　　… 1 個《雌蕊》

B 色

〈25 號繡線〉
深藍色（792）
藍色（3807）
淺藍色（794）
黃色（676）
淺奶油色（746）

〈不織布〉
藍色（557）
　　9 ㎝方形 … 2 張《花瓣》
黃色（333）
　　4 ㎝方形 … 1 張《雌蕊》

〈鐵絲〉
#24（白色）36 ㎝ … 2 支《花瓣》
#30(白色)12 ㎝ … 17 支《雄蕊》

〈珠子〉
木珠（R 大／原色）
　　… 1 個《雌蕊》
大圓珠（No148F）
　　… 1 個《雌蕊》

作法

＊不織布裁法請參考P.107

1 製作兩片加了鐵絲的花瓣。（參考P.23 **Tech5**）
2 製作17支捲好指定繡線的鐵絲零件，捆綁製成一支雄蕊。（參考P.56 **Tech28**）
3 製作一個雌蕊。（參考P.56步驟**9**至**12**）
4 製作花蕊。（參考P.56步驟**13**）
5 製作花朵。（參考P.56步驟**14**至**19**）

原寸紙型

＊紙型的使用方法請參考 P.3
＊〈 〉內為 B 色作品；[ ] 內為繡線股數
＊紙型內的線條為刺繡針腳方向

50.鐵線蓮

不織布：花瓣・2片・紫色〈藍色〉
❶深紫色（深藍色） 毛邊繡[2]
❷#24鐵絲（白色）
❸深紫色（深藍色） 緞面繡[3]
❹紫色〈藍色〉 緞面繡[2]
❺淺紫色〈淺藍色〉 緞面繡[2]
❻淺奶油色〈淺奶油色〉 直線繡[1]

不織布：雌蕊・1片・黃色〈黃色〉
❶黃色〈黃色〉 毛邊繡[2]
❷黃色〈黃色〉 緞面繡[3]
❸淺奶油色〈淺奶油色〉直線繡[1]

48.頭狀薰衣草

不織布：花朵前端・1片・紫色
❶淺紫色 毛邊繡[2]
❷淺紫色 緞面繡[2]
❸紫色 直線繡[1]

不織布：葉片・5片・綠色
**　　　　花苞・4片・綠色**
❶綠色 毛邊繡[2]
❷葉片#30鐵絲（DG）
❸綠色 緞面繡[2]
❹深綠色 直線繡[1]

葉片

花苞

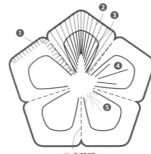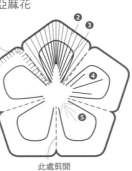
49.亞麻花

不織布：花瓣・1片・紫色
❶淺紫色 毛邊繡[2]
❷淺紫色 緞面繡[3]
❸紫色 緞面繡[2]
❹深紫色 直線繡[1]
❺黃綠色 直線繡[1]

此處剪開

Technique 28
將線纏繞在鐵絲上製作雄蕊

1

花瓣

雌蕊

參考P.23 **Tech15**準備好加了鐵絲的花瓣、參考P.17 **Tech1**準備雄蕊。

2

5mm

在雄蕊用的＃30鐵絲（白色）中央塗上薄薄一層黏膠，使用繡線【黃色[1]】纏繞約5mm左右。

3

對折。

4

將線纏繞到折起尖端處往下約5mm左右處。剪斷線頭後，塗上黏膠，將線頭貼在鐵絲上。

5

5mm

在鐵絲上塗上黏膠，使用繡線【淺奶油色[1]】纏繞至約2cm處。

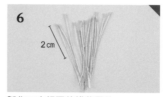

6

2cm

製作17支相同的雄蕊零件。

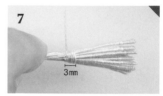

7

3mm

將17支雄蕊的前端對齊後捆起。將黏膠塗抹於鐵絲上，使用繡線【淺奶油色[1]】纏繞3mm。

8

3cm

將雄蕊自根部一根根打開，呈現碗狀。雄蕊製作完成。

9

（背面）

將繡線【淺奶油色[1]】穿過針並打結。在雌蕊刺繡零件背面，將針依照木珠、大圓珠、木珠的順序穿過去並縫好。

10

（背面）

在雌蕊刺繡零件背面整個塗上黏膠。

11

貼合對角線的兩片。

12

剩下的兩片也貼上去。雌蕊即完成。

13

在雌蕊底部塗上黏膠，黏在步驟**8**雄蕊的中央，待其完全乾燥。花蕊即完成。

14

（正面）

在花瓣中央從正面以錐子打個洞，將花蕊的鐵絲穿過。

15

塗上黏膠

在花蕊底部塗上黏膠，將花瓣立起來黏好。

16

（背面）

將花朵翻至背面，使用斜口鉗剪去多餘的鐵絲。

17

（背面）

在花瓣背面中央多塗一些黏膠。

18

將第二片花瓣黏貼在與第一片稍微錯開的位置，待其完全乾燥。

19

花瓣彎折出不同樣貌。鐵線蓮即完成。

48.頭狀薰衣草

作品頁數：P.54
完成尺寸：寬3×長18cm

材料（1支）

〈25號繡線〉
淺紫色（156）
紫色（155）
深紫色（333）
綠色（3052）

〈不織布〉
紫色（662）4cm方形
　…1張《花朵尖端》

〈鐵絲〉
#24（DG）36cm
　…1支《花朵尖端》
#30（DG）36cm
　…4支《葉片》

〈珠子〉
大圓珠（No2108／紫色）
　…4個《花朵尖端》

作法

＊不織布裁法請參考P.107　＊紙型P.55

1 製作附鐵絲的花朵尖端，及使用捲線底紙製作的花瓣，作出一支附鐵絲的花朵。（P.57 Tech29）

2 製作四支葉片。（參考下圖）

3 將繡線【綠色[1]】纏繞在花朵的鐵絲上，製作花莖。（參考P.25 Tech10）

4 將花朵與葉片捆綁在一起，使用繡線【綠色[1]】纏繞鐵絲並處理尾端。（參考P.25 Tech11、下圖）

製作葉片 ← 5mm →

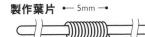

將繡線【綠色[1]】纏繞在#30鐵絲（DG）的中央處約5mm長。

對折之後使用繡線【綠色[1]】繼續纏繞約2.5cm，製作4支。

將花朵及葉片捆綁在一起

將花朵與葉片捆綁在一起，使用繡線【綠色[1]】纏繞鐵絲。

Technique 29

應用捲線底紙技巧
製作花瓣

1
將#24鐵絲（DG）穿過大圓珠，使珠子在鐵絲中央，將鐵絲對折後，於鐵絲底部扭2至3次固定珠子。

2
將三個大圓珠穿到鐵絲上。

3
（背面）
參考P.17 Tech1完成花瓣尖端的刺繡零件，由背面在花瓣中央以錐子打個洞，將鐵絲穿過。在花瓣尖端背面全部塗上黏膠。

4
將花瓣黏貼在大圓珠上，以鐵絲輕輕綁住，待其完全乾燥。乾燥後，取下綁花瓣的鐵絲。附鐵絲的花朵尖端即完成。

5
將繡線【深紫色[6]】纏繞在寬1cm的捲線用底紙上，纏繞80次左右直到寬度約為8cm，在單邊貼上同色系的寬[2]。等待10分鐘左右乾燥後，請勿切斷線圈，直接從底紙上取下。花瓣即完成（參考P.29 Tech12、P.30 Tech13的1至5）

6
使用步驟4的鐵絲夾住花瓣邊緣。

7
將花瓣尖端零件的底部塗上黏膠，黏貼花瓣邊緣。

8
將黏膠塗抹在步驟5黏貼的線上。

9
將花瓣捲在鐵絲上黏合。

10
附鐵絲的花朵製作完成。製作葉片、與花朵綁在一起之後，頭狀薰衣草即完成。

49.亞麻花

作品頁數：P.54
完成尺寸：寬6×長13cm

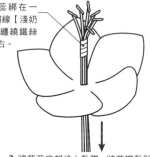
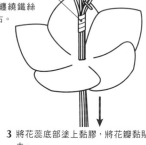

4cm

5cm

4cm

材料

〈25號繡線〉

淺紫色（160）
紫色（161）
深紫色（333）
黃綠色（16）
黃色（677）
淺奶油色（746）
綠色（937）
深綠色（936）

〈不織布〉

紫色（662）
　6cm方形…1張《花瓣》

綠色（444）
　4cm方形…4片《花苞》
　5×3cm…5張《葉片》

〈鐵絲〉

#26（DG）36cm
　…4支《花苞》
#30（DG）36cm
　…10支《雄蕊＋葉片》

〈珠子〉

大圓珠（No2108／紫色）
　…4個《花苞》

作法

＊不織布裁法請參考 P.107　＊紙型 P.55

1 製作四支附鐵絲的花苞。（參考 P.58 Tech30）

2 製作四支雄蕊。（參考 P.64 Tech35、下圖）

3 製作一片花瓣。（參考 P.17 Tech1）

4 製作附鐵絲的花朵。（參考下圖）

5 製作五支附鐵絲的葉片。（參考 P.31 Tech15）

6 將繡線【深綠色[1]】纏繞在花苞、花朵與葉片的鐵絲上，製作為花莖。
　（參考P.25 Tech10）

7 將花苞、花朵與葉片捆綁在一起，以繡線【深綠色[1]】纏繞鐵絲並處理尾端。
　（參考P.25 Tech11）

製作雄蕊

1cm

使用繡線【黃色[1]】纏繞在 #30鐵絲（DG）中央處約1cm長。凹成T字形後將2支鐵絲以繡線【淺奶油色[1]】纏繞約1cm長。

製作附鐵絲的花朵

2 花瓣中心從正面以錐子打個洞，將花蕊的鐵絲穿過。

1 將五支雄蕊綁在一起，使用繡線【淺奶油色[1]】纏繞鐵絲約長3mm左右。

3 將花蕊底部塗上黏膠，將花瓣黏貼上去。

Technique 30
花朵從花苞前端
探出頭來

1
將大圓珠穿至＃26鐵絲（DG）中央，對折後，將鐵絲底部扭2至3次，固定珠子。

2

★
將繡線【深紫色[6]】剪為16cm長，對折兩次。

3 **4**

將步驟1的鐵絲勾在★處，在底部扭2至3次固定。

5

在大圓珠上塗上黏膠，黏貼絲線。

6
以指尖壓緊絲線，使其黏貼在大圓珠上。

7

（背面）
參考P.17 Tech1完成花苞的刺繡零件，在花苞刺繡零件中央由背面以錐子打個洞，將鐵絲穿過後，於背面整體塗上黏膠。

8

將花苞的刺繡零件包覆絲線下方的大圓珠，黏貼在珠子上。

9

2~3mm
將花苞刺繡零件中探出頭的絲線剪斷，只留2至3mm。

10

附鐵絲的花苞即完成。

XI 製作花卉時，別出心裁的鐵絲使用方式

鐵絲依據使用方式不同，能夠成為果實蒂頭；也能使用珠子等作成花蕊，非常方便。

51. 紅醋栗
作法：P.102

29. 野草莓
作法：P.61

27. 三葉草＆白花苜蓿
作法：P.60

41. 櫻花
作法：P.96

18. 百合
作法：P.35

27.三葉草&白花苜蓿

作品頁數：P.37，59
完成尺寸：寬6×長10㎝

材料

〈25號繡線〉
原色（ECRU）
淺綠色（3819）
綠色（166）
深綠色（581）

〈不織布〉
白色（701）
　5㎝方形 … 2張
　《白花苜蓿》

綠色（450）
　3㎝方形 … 2張《花萼》
　5㎝方形 … 5張《三葉草》

〈鐵絲〉
#24（LG）18㎝
　…2支《白花苜蓿》
#26（LG）36㎝
　…5支《三葉草》

〈珠子〉
小圓珠子（No762／白色）
　…14個《白花苜蓿》
大圓珠（No4／綠色）
　…5個《三葉草》

〈其他〉
手工藝用棉花
　…適量《白花苜蓿》
棉線…適量
　《白花苜蓿》

作法

＊不織布裁法請參考P.107　＊紙型P.65

1　製作五支附花莖的三葉草（三葉的四支、四葉的一支）（參考P.60 Tech31）
2　製作白花苜蓿的花瓣刺繡零件，塞入棉花後，作出兩朵花。（參考P.17 Tech1、P.39 Tech19）
3　製作兩支附花萼及花莖的白花苜蓿。（參考下圖）
4　將三葉草與白花苜蓿捆綁在一起，以繡線【深綠色[1]】纏繞鐵絲並處理尾端。（參考P.25 Tech11、下圖）

製作附花萼及花莖的白花苜蓿

將＃24鐵絲（LG）前端折出一個直徑3mm的圓圈，穿過中心已經打好洞的花萼。

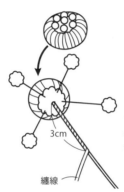

將花萼背面塗上黏膠，貼在花朵後方，以珠針固定，待其乾燥。將黏膠薄塗一層在鐵絲上，以繡線【深綠色[1]】纏繞鐵絲、製作花莖。

將三葉草與白花苜蓿捆綁在一起

將白花苜蓿與三葉草綁在一起，使用繡線【深綠色[1]】纏繞鐵絲。

Technique 31
以鐵絲及珠子
製作三葉草的花莖

1

將大圓珠（綠色）穿至＃26鐵絲（LG）中央處，將鐵絲折為一半後，於底部扭2至3次固定珠子。

2

（正面）

參考P.17 Tech1製作三葉（及四葉）的葉片，由正面中心以錐子打個洞，將鐵絲穿過。

3

將繡線【深綠色[1]】穿過針後打結。將針從三葉草（四葉）的背面穿到正面。

4

將針穿過大圓珠的孔。

5

將針穿回背面。重複此步驟2至3次後縫好珠子。

6

塗一層薄薄的黏膠在鐵絲上，直接將線纏繞在鐵絲上到需要的長度。附花莖的三葉草即完成。

29.野草莓

作品頁數：P.12,40,59
完成尺寸：寬8×長8㎝

材料

〈25 號繡線〉
白色（746）
黃綠色（3348）
淺綠色（988）
綠色（987）
深綠色（500）

〈不織布〉
白色（701）5 ㎝方形…
3 張《花瓣》
綠色（450）
7×5 ㎝…3 張《葉片》
2 ㎝方形…3 張《花萼》

〈鐵絲〉
#28（DG）36 ㎝
…3 支《葉片》
#21（DG）18 ㎝
…4 支《果實》
#30（DG）36 ㎝
…7 支《花蕊＋蒂頭》

〈其他〉
珍珠花蕊（素玉小、中）
…適量《花蕊》

樹脂黏土 … 適量《果實》
油畫顏料
（crimson lake、lamp
black）… 適量《果實》
水性壓克力顏料亮光漆
（厚塗具光澤款）
…適量《果實》
壓克力顏料（yellow）
…適量《花蕊》

作法

＊不織布裁法請參考 P.107　＊紙型 P.65

1 製作四個果實。（參考 P.42 **Tech20**、P.43 **Tech21**）

2 將果實加上蒂頭。（參考 P.61 **Tech32**）

3 將珍珠花蕊上色後，製作三支兩層結構的花蕊。（參考 P.51 **Tech25**）

4 製作三片花瓣。參考（ P.17 **Tech1**）

5 製作附花萼及花莖的花朵。（參考 P.51 **Tech26**、下圖）

6 製作附鐵絲的葉片 a、b、b' 各一支，將三支捆綁在一起作成一支附葉莖的葉片。（參考 P.31 **Tech15**、下圖）

7 將果實、花朵與葉片捆綁在一起，以繡線【深綠色[1]】纏繞鐵絲並處理尾端。（參考 P.25 **Tech11**）

製作附花萼及花莖的花朵

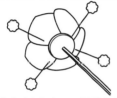

在花萼中心打個洞，將花蕊的鐵絲穿過後，貼上花瓣。使用繡線【深綠色[1]】纏繞鐵絲，製作為花莖。使用珠針固定花瓣，直到花瓣完全固定。

製作附葉莖的葉片

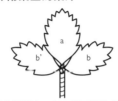

將葉片捆綁在一起，使用繡線【深綠色[1]】纏繞鐵絲。

Technique 32
彎折鐵絲
製作為花萼

1 使用繡線【深綠色[1]】纏繞＃30鐵絲（DG）的中央，寬約6.5㎝，請勿剪斷線，將鐵絲以5mm寬折成五折，如上圖。

2 將鐵絲折為直角。

3 將鐵絲打開成為放射狀，作成花萼的形狀。

4 將兩支鐵絲的根部塗上薄薄一層黏膠，同時以步驟**1**中留下的繡線纏繞2至3次。請勿剪斷線。

5 將果實的鐵絲穿過打開的花萼中心。

6 在花萼塗上黏膠。

7 將花萼貼在果實上，使用步驟**4**的繡線繼續纏繞鐵絲至所需長度。本作品纏繞7㎝長。附花萼及莖的果實即完成。

52. 蜀葵

作法：P.104

Making Point

花苞有兩種，一種是將線纏繞在木珠上，另一種則是將刺繡零件黏在木珠上製成。花蕊則是將線纏繞在鐵絲上後黏貼珠子。花瓣及葉片都有加進鐵絲，這一朵花就用了許多的技巧。

54. 繡球花
作法：P.103

（A色）

53. 蜀葵花
作法：P.104

（B色）

（C色）

55. 花菱草
作法：P.63

✿✿✿✿✿

55.花菱草

作品頁數：P.62
完成尺寸：寬6×長9㎝

材料

〈25 號繡線〉
淺橘色（741）
橘色（740）
深橘色（946）
綠色（906）

〈不織布〉
橘色（370）7 ㎝方形…
　1 片《花瓣》

〈鐵絲〉
#30（白色）36 ㎝…3 支
　《花蕊》

#26（白色）36 ㎝…1 支
　《花瓣》
#30（DG）36 ㎝
　…25 支《葉片》

〈珠子〉
特小（No10／橘色）
　…3 個《花蕊》
小圓（No10／橘色）
　…15 個《花蕊》
大圓（No10／橘色）
　…1 個《花蕊》

作法

＊不織布裁法請參考P.107　＊紙型P.65

1 製作一片加了鐵絲的花瓣。
　（參考P.23 **Tech5**）
2 製作一支花蕊。（參考P.63 **Tech33**）
3 製作一支附花莖的花朵。（參考右圖）
4 製作附葉莖的葉片。（參考P.63 **Tech34**）
5 將花朵及葉片捆綁在一起，使用繡線【綠色[1]】纏繞鐵絲並處理尾端。（參考P.25 **Tech11**）

製作附花莖的花朵

黏膠

從正面在花瓣中心以錐子打個洞，將花蕊的鐵絲穿過。在大圓珠的根部塗上黏膠，貼好花瓣。

在鐵絲上塗一層薄薄的黏膠，使用繡線【綠色[1]】纏繞鐵絲製作花莖。

Technique 33
使用珠子與鐵絲製作花蕊

1 將特小珠子穿到＃30鐵絲（白色）中央，在其底部扭2至3次固定珠子。

2 穿過五個小圓珠。相同作法完成三支。

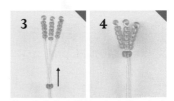

3 將三支花蕊的鐵絲一起穿進一個大圓珠，在小圓珠底部塗上黏膠後，黏上大圓珠。花蕊即完成。

4

Technique 34　使用纏繞了繡線的鐵絲製作葉片

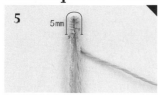

5 5mm 使用繡線【綠色[1]】纏繞＃30鐵絲（DG）中央段約5mm左右，對折。

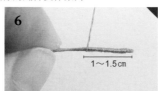

6 1～1.5 cm 將鐵絲塗抹薄薄一層黏膠，直接將線繼續纏繞，至所需的長度。總共製作25支。

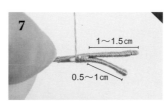

7 1～1.5 cm　0.5～1 cm 將步驟6製作的鐵絲捆綁在一起，以繡線纏繞，重複此步驟。

8 將步驟5至7製作的零件3至4支捆綁在一起，製成三支葉片。剩下的也以相同方式處理。

9 將步驟8製作的葉片綁在一起，以繡線纏繞。葉片即完成。

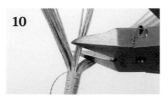

10 鐵絲捆綁在一起後，若變得過粗，可稍微打開綁在一起的鐵絲，剪斷中間幾根鐵絲調整粗細。

11 重新將鐵絲塗上一層黏膠，繼續纏繞繡線。

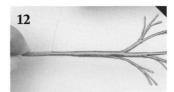

12 調整後，葉莖變細的樣子。

Technique 35
以鐵絲製作
花蕊及果實

蜀葵花蕊作法

1
約3cm

使用繡線【黃綠色[1]】纏繞＃26鐵絲（DG）中央約5mm長，對折後，繼續纏繞3cm。

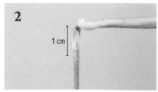

2
1cm

在鐵絲前端1cm處塗上黏膠。

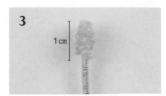

3
1cm

貼上特小珠子（黃色），等待黏膠完全乾燥。

製作蜀葵花的花朵

4
2.5cm
大圓珠

將大圓珠（黃色）穿進鐵絲，在鐵絲前端下方2.5cm處塗上黏膠、黏上大圓珠。等候其完全乾燥。花蕊即完成。

5

由正面在花瓣中央以錐子打個洞，將花蕊的鐵絲穿過。

6

在大圓珠底部塗上黏膠，貼在花瓣上。

7

以手掌宛如包覆花瓣般，將花瓣貼在圓珠上，為花瓣彎折出不同樣貌。

百合・亞麻花的花蕊作法

8

將花朵朝下吊掛乾燥。附鐵絲的花朵即完成。

1
1cm

使用繡線【棕色[1]】纏繞＃28鐵絲（LG）中央約2cm左右，折成如圖所示的T字形。亞麻使用繡線【黃色[1]】纏繞＃30（DG）約1cm，折成一樣的形狀。

2

由中央向右繞線，再從右邊繞回中央。跨過中央後將左邊也繞上線，再回到中央。

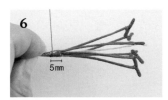

3

將兩支鐵絲根部繞線2至3次，塗上黏膠後貼好。

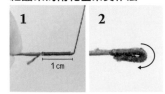

4
4cm

使用繡線【淺朱色[1]】纏繞4cm長。製作六支此款花蕊。雄蕊即完成。亞麻則使用繡線【淺奶油色[1]】纏繞1cm長，製作五支。

5

將上好色的百合花蕊（雌蕊）底部塗上些許黏膠，將它放在中間、雄蕊六支擺在外側後綁好。亞麻則不需要百合花蕊。

6
5mm

將綁好的鐵絲以繡線【淺朱色[1]】纏繞5mm，以黏膠黏好剪斷。亞麻則以繡線【淺奶油色[1]】纏繞3mm。花蕊即完成。

紅醋栗的附花莖果實作法

1　**2**
1cm

使用繡線【棕色[1]】纏繞＃24鐵絲（DG）前端約1cm，將纏繞線的部分對折。

3

將手工藝珠子穿過，並將黏膠塗在步驟2的鐵絲底部。

4

黏好手工藝珠子。

5

將鐵絲塗上一層薄薄的黏膠，並使用繡線【深綠色[1]】纏繞至需要長度。附花莖的果實即完成。

原寸紙型

*紙型的使用方法請參考 P.3
*[ ]內為繡線股數
*紙型內的線條為刺繡針腳方向

27.三葉草＆白花苜蓿

白花苜蓿

縫份

不織布：花瓣・2 片・白色
❶原色　纏繞 10 次的捲線繡 [3]
❷淺綠色　直線繡 [1]

刺繡在❷上的
小圓珠位置

不織布：花萼・2 片・綠色

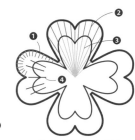

三葉草（三片葉子）　　三葉草（四片葉子）

不織布：三片葉子・4 片・綠色
**　　　　四片葉子・1 片・綠色**
❶綠色　毛邊繡 [2]
❷綠色　緞面繡 [2]
❸深綠色　緞面繡 [1]
❹原色　直線繡 [1]

29.野草莓

←1.2cm→
0.4cm

黏土　1.4～1.8cm

果實尺寸約略大小

葉片 a

不織布：葉片 a・1 片・綠色
**　　　　葉片 b、b'・各 1 片・綠色**
❶淺綠色　毛邊繡 [2]
❷#28 鐵絲 (DG)
❸淺綠色　緞面繡 [3]
❹綠色　緞面繡 [2]
❺綠色　緞面繡 [2]
❻深綠色　飛行繡 [1]

葉片 b（b' 請將 b 翻轉即可）

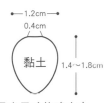

此處剪開

不織布：花瓣・3 片・白色
❶白色　毛邊繡 [2]
❷白色　緞面繡 [3]
❸黃綠色　直線繡 [1]

不織布：花萼・3 片・綠色

55.花菱草

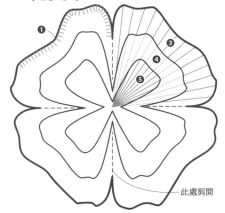

此處剪開

不織布：花瓣・1 片・橘色
❶淺橘色　毛邊繡 [2]
❷#26 鐵絲（白色）
❸淺橘色　緞面繡 [3]
❹橙色　緞面繡 [2]
❺深橘色　直線繡 [1]

🌸🌼🌼🌼🌼
2.三色菫

作品頁數：P.14-15
完成尺寸：寬5×長6cm

材料

A 色
〈25 號繡線〉
淺紫色（554）
紫色（552）
深紫色（550）
藍色（791）
紫紅色（35）

〈不織布〉
桃色（102）8cm 方形… 1 張《大花瓣》
紅色（118）5×8cm… 1 張《小花瓣》

〈珠子〉
手工藝品珠
（α-5130-11／黃色）… 1 個《花蕊》

〈其他〉
棉線… 適量

B 色
〈25 號繡線〉
淺黃色（3822）
黃色（3820）
深黃色（782）
棕色（938）
藍紫色（333）

〈不織布〉
黃色（331）8cm 方形… 1 張《大花瓣》
紫色（663）5×8cm… 1 張《小花瓣》

〈珠子〉
手工藝品珠
（α-5130-11／黃色）… 1 個《花蕊》

〈其他〉
棉線… 適量

作法

＊紙型P.67
＊不織布裁法請參考P.107
1 製作大花瓣、小花瓣各一片。（參考P.17 Tech1）
2 製作花朵。（參考P.20 Tech4）

🌸🌼🌼🌼🌼
3.紫羅蘭

作品頁數：P.14-15
完成尺寸：寬3×長3cm

材料

A 色
〈25 號繡線〉
藍色（158）
深藍色（791）
紫色（550）
〈不織布〉
藍色（557）5cm 方形… 1 張《大花瓣》
紫色（668）4×5cm… 1 張《小花瓣》
〈珠子〉
小圓珠（No148F）… 1 個《花蕊》
〈其他〉
棉線… 適量

B 色
〈25 號繡線〉
黃色（728）
深黃色（783）
藍色（824）
〈不織布〉
黃色（383）5cm 方形… 1 張《大花瓣》
藍色（557）4×5cm… 1 張《小花瓣》
〈珠子〉
小圓珠（No34）… 1 個《花蕊》
〈其他〉
棉線… 適量

作法

＊紙型 P.67
＊不織布裁法請參考 P.107
1 製作大花瓣、小花瓣各一片。（參考 P.17 Tech1）
2 製作花朵。（參考 P.20 Tech4）

原寸紙型

＊紙型的使用方法請參考 P.3
＊〈 〉內為 B 色作品；[ ] 內為繡線股數
＊紙型內的線條為刺繡針腳方向

2. 三色菫

不織布：大花瓣‧1 片‧桃色〈黃色〉
❶淺紫色〈淺黃色〉 毛邊繡 [2]
❷淺紫色〈淺黃色〉 緞面繡 [3]
❸紫色〈黃色〉 緞面繡 [2]
❹深紫色〈深黃色〉 緞面繡 [2]
❺藍色〈棕色〉 直線繡 [1]

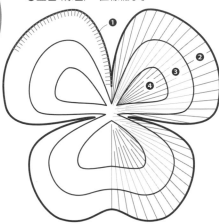

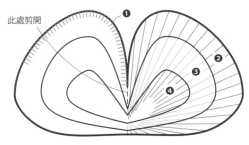

此處剪開

不織布：小花瓣‧1 片‧紅色〈紫色〉
❶紫紅色〈藍紫色〉 毛邊繡 [2]
❷紫紅色〈藍紫色〉 緞面繡 [3]
❸紫紅色〈藍紫色〉 緞面繡 [2]
❹紫紅色〈藍紫色〉 緞面繡 [2]

3. 紫羅蘭

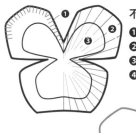

不織布：大花瓣‧1 片‧藍色〈黃色〉
❶藍色〈黃色〉 毛邊繡 [2]
❷藍色〈黃色〉 緞面繡 [3]
❸濃藍色〈深黃色〉 緞面繡 [2]
❹紫色〈藍色〉 直線繡 [1]

11. 雪花蓮

不織布：花瓣‧5 片‧白色
❶白色 毛邊繡 [2]
❷白色 緞面繡 [3]
❸灰色 直線繡 [2]

不織布：葉子‧3 片‧綠色
與 10. 越前水仙的葉片紙型相同（P.75）
❶綠色 毛邊繡 [2]
❷#24 鐵絲（DG）
❸綠色 緞面繡 [3]
❹深綠色 緞面繡 [2]

12. 鈴蘭

此處剪開

不織布：小花瓣‧1 片‧紫色〈藍色〉
❶紫色〈藍色〉 毛邊繡 [2]
❷紫色〈藍色〉 緞面繡 [3]
❸紫色〈藍色〉 緞面繡 [2]

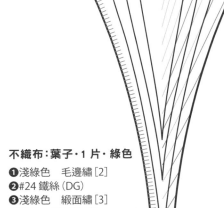

不織布：葉子‧1 片‧綠色
❶淺綠色 毛邊繡 [2]
❷#24 鐵絲（DG）
❸淺綠色 緞面繡 [3]
❹綠色 緞面繡 [2]
❺深綠色 緞面繡 [2]
❻深綠色 緞面繡 [2]

🌸🌸🌸🌸🌸
11. 雪花蓮

作品頁數：P.26
完成尺寸：寬8×長18cm

材料

〈25 號繡線〉
白色（B5200）
灰色（762）
綠色（581）
深綠色（580）

〈不織布〉
白色（701）6cm 方形… 5 張《花瓣》
綠色（442）13×4cm … 3 張《葉片》

〈鐵絲〉
#26（DG）36cm … 10 支
《花蕊＋花萼 a》
#24（DG）36cm … 3 支《葉片》

〈珠子〉
大圓珠（No4 ／綠色）… 5 個《花蕊》
木珠
（N 小／原色）… 5 個《花萼 b》
（N 大／原色）… 5 個《花蕊》

作法

＊紙型 P.67
＊不織布裁法請參考 P.107

1 製作五支花萼。（下圖參考）

2 將線纏繞在木珠上，完成花萼b及花蕊各五個。（參考 P.23 Tech6、P.24 Tech7、下圖）

3 製作五片花瓣。（參考 P.17 Tech1）

4 製作五支附花萼及花莖的花朵。（參考 P.27 Tech6 應用、下圖）

5 製作三片附鐵絲的葉片。（參考 P.31 Tech15）

6 將花朵及葉片捆綁在一起，使用繡線【深綠色[1]】纏繞鐵絲並處理尾端。（參考P.25 Tech11）

製作花萼a

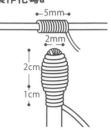

使用繡線【深綠色[1]】纏繞
#26鐵絲（DG）約5mm，
對折後，繼續纏線約2cm，
調整纏繞方式，使其中間較
為膨大。繼續往下纏繞至
3cm處。

將花萼a與花朵綁在一
起，使用繡線【深綠色
[1]】纏繞鐵絲，製作為
花莖。

製作花萼b及花蕊

花蕊　　花萼 b

使用繡線【綠色[1]】纏
繞木珠（N大）作為
花蕊；繡線【深綠色
[1]】纏繞木珠（N
小）作為花萼b。

製作附花萼及花莖的花朵

黏膠
花蕊
黏膠
（背面）

將大圓珠（綠色）穿進鐵絲
當中，珠子底部的鐵絲扭起
固定。在花瓣中心以錐子由
背面打個洞。依照花蕊、花
瓣的順序穿過鐵絲，使用黏
膠固定。

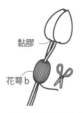

黏膠
花萼 b

在花朵底部塗上黏
膠，貼上花萼b。

🌸🌸🌸🌸✾
12. 鈴蘭

作品頁數：P.11，26
完成尺寸：寬6×長14cm

材料

〈25 號繡線〉
淺綠色（469）
綠色（936）
深綠色（935）
原色（ECRU）

〈不織布〉
綠色（444）15×7cm … 1 張《葉片》

〈鐵絲〉
#28（DG）36cm… 13 支《花朵》
#24（DG）36cm … 1 支《葉片》

〈珠子〉
小圓珠（No51 ／白色）… 4 個《小花朵》
大圓珠（No51 ／白色）… 9 個《大花朵》
木珠
（R 小／原色）… 4 個《小花朵》
（R 大／原色）… 9 個《大花朵》

作法

＊紙型 P.67
＊不織布裁法請參考 P.107

1 製作一片附鐵絲的葉片。（參考 P.31 Tech15）

2 將線纏繞在木珠上完成四支附花莖的小花朵、九支附花莖的大花朵。（參考 P.23 Tech6、P.24 Tech7、下圖）

3 將花朵及葉片捆綁在一起，使用繡線【深綠色[1]】纏繞鐵絲並處理尾端。（參考 P.25 Tech11）

製作附花莖的大花朵與小花朵

將繡線【原色[1]】
纏繞在木珠上。
黏膠

總共製作四個。以木珠（R大）、
大圓珠（白色）製作九個大花朵。

將 #28鐵絲（DG）穿
過小圓珠（白色）後於
珠子底部扭轉固定。穿
過木珠後黏合。

在鐵絲塗上薄薄一層黏膠，使
用繡線【深綠色[1]】纏繞鐵
絲，製作為花莖。

將花朵及葉片捆綁在一起

將花朵由小至大並左右交替位置，相對擺
放捆綁，使用繡線【深綠色[1]】纏繞鐵
絲。

4. 小向日葵

作品頁數：P.15
完成尺寸：寬8×長8cm

材料

〈25 號繡線〉
淺黃色（676）
黃色（729）
深黃色（3829）

〈不織布〉
黃色（331）11cm 方形 … 2 張《花瓣》
深棕色（229）1×20cm … 2 張《花蕊 a》
棕色（227）1.2×15cm … 1 張《花蕊 b》

〈其他〉
棉線 … 適量《花蕊》

作法

＊不織布裁法請參考 P.107

1 製作兩片花瓣。（ 參考 P.17 Tech1 ）

2 製作一個花蕊。（ 參考下圖 ）

3 製作花朵。（ 參考下圖 ）

製作花蕊

花蕊 a·2 片·深棕色

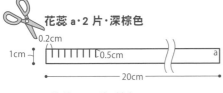

花蕊 b·1 片·棕色

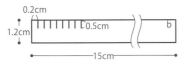

①將不織布依照指定顏色及張數裁剪後，間隔寬0.2×深0.5cm剪開，剪至尾端。

②將第一片花蕊a捲起。

③使用棉線，將花蕊底部以放射狀方式縫起。

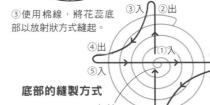

底部的縫製方式

打結

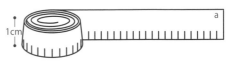

④將第二片花蕊a捲在③的外側，將底部以放射狀縫起。

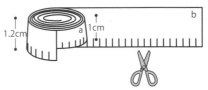

⑤將花蕊b配合底部位置後捲一圈，剪掉多餘部分後，以放射狀縫起。

製作花朵

黏膠

⑥在一片花瓣中央塗抹黏膠，將另一片花瓣稍微錯開位置後黏上。待中心略微固定之後，使用小木棍或筆壓緊。待其乾燥30分鐘以上，於花蕊底部塗上黏膠、黏在花瓣上。

原寸紙型

＊紙型的使用方法請參考 P.3
＊[ ]內為繡線股數
＊紙型內的線條為刺繡針腳方向

不織布：花瓣·2 片·黃色
❶淺黃色　毛邊繡[2]
❷淺黃色　緞面繡[3]
❸黃色　緞面繡[2]
❹深黃色　緞面繡[2]

69

5.大理花

作品頁數：P.15
完成尺寸：寬8×長8cm

材料

〈25 號繡線〉
淺黃色（3078）
黃色（727）
深黃色（726）
淺橘色（725）
橘色（972）

〈不織布〉
淺黃色（304）
　　11cm 方形…1 片《特大花瓣》
　　10cm 方形…1 片《大花瓣》
黃色（331）9cm 方形…1 片《中花瓣》
深黃色（383）8cm 方形…1 片《小花瓣》

〈珠子〉
短劍形珠子（CMD-20 ／黃色）… 14 個《花蕊》
〈其他〉
棉線 … 適量《花蕊》

作法

＊紙型P.71
＊不織布裁法請參考P.107

1 製作特大花瓣、大花瓣、中花瓣、小花瓣各一片。（參考P.17 Tech1）
2 製作花朵。（參考下圖）

製作花朵

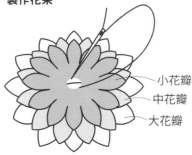

小花瓣
中花瓣
大花瓣

將小花瓣及中花瓣錯開位置，放在大
花瓣上，中心縫上十字固定。

8mm

將短劍形珠子縫在花朵中心，約佔
直徑8mm寬。

特大花瓣

在中心直徑8mm以內縫滿短劍形珠
子，在大花瓣的背面中心塗上黏膠
，將特大花瓣黏上。待中心固定後
，以小木棍或筆壓緊。

原寸紙型

＊紙型的使用方法請參考 P.3
＊〈　〉內為 B 色作品；[　]內為繡線股數
＊紙型內的線條為刺繡針腳方向

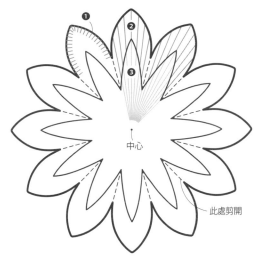

不織布：小花瓣・1 片・深黃色

❶淺橘色　毛邊繡 [2]
❷淺橘色　緞面繡 [3]
❸橘色　緞面繡 [2]

不織布：中花瓣・1 片・黃色

❶深黃色　毛邊繡 [2]
❷深黃色　緞面繡 [3]
❸淺橘色　緞面繡 [2]
❹橘色　緞面繡 [2]

不織布：大花瓣・1 片・淺黃色

❶黃色　毛邊繡 [2]
❷黃色　緞面繡 [3]
❸深黃色　緞面繡 [2]
❹淺橘色　緞面繡 [2]

不織布：特大花瓣・1 片・淺黃色

❶淺黃色　毛邊繡 [2]
❷淺黃色　緞面繡 [3]
❸黃色　緞面繡 [2]
❹深黃色　緞面繡 [2]

A色（黃色）
B色（橘色）

6.萬壽菊

作品頁數：P.15
完成尺寸：寬6×長6cm

材料

A 色

〈25 號繡線〉
淺黃色（728）
黃色（783）
深黃色（782）
橘色（720）

〈不織布〉
黃色（333）
　　9cm 方形…1 張《大花瓣》
　　8cm 方形…1 張《中花瓣》
　　7cm 方形…1 張《小花瓣》

〈其他〉
棉線…適量《花蕊》

〈珠子〉
小圓珠（No148F／黃色）…21 個《花蕊》
1 分竹珠（No2／黃色）…21 個《花蕊》

B 色

〈25 號繡線〉
淺橘色（922）
橘色（921）
深橘色（920）
棕色（918）

〈不織布〉
橘色（370）
　　9cm 方形…1 張《大花瓣》
　　8cm 方形…1 張《中花瓣》
　　7cm 方形…1 張《小花瓣》

〈其他〉
棉線…適量《花蕊》

〈珠子〉
小圓珠（No24BF／黃色）…21 個《花蕊》
1 分竹珠（No2／黃色）…21 個《花蕊》

作法

＊不織布裁法請參考P.107

1 製作小花瓣、中花瓣、大花瓣各一片。（參考P.17 Tech1）

2 製作花朵。（參考P.20 Tech3）

原寸紙型

＊紙型的使用方法請參考 P.3
＊〈 〉內為 B 色作品；[ ]內為繡線股數
＊紙型內的線條為刺繡針腳方向

不織布：小花瓣・1 片・黃色〈橘色〉
❶黃色〈橘色〉　毛邊繡 [2]
❷黃色〈橘色〉　緞面繡 [3]
❸深黃色〈深橘色〉　緞面繡 [2]
❹橘色〈棕色〉　直線繡 [2]

此處剪開

不織布：大花瓣與中花瓣・各 1 片・黃色〈橘色〉
❶淡黃色〈淡橙色〉　毛邊繡 [2]
❷淡黃色〈淡橙色〉　緞面繡 [3]
❸黃色〈橘色〉　緞面繡 [2]
❹深黃色〈深橘色〉　緞面繡 [2]

大花瓣

中花瓣

✿✿✿✿❀

9.金絲桃

作品頁數：P.26
完成尺寸：寬4×長8cm

3.5cm

4.5cm

材料

〈25號繡線〉
淺黃色（745）
黃色（743）
深黃色（742）
紅色（777）
綠色（700）
深綠色（699）

〈不織布〉
黃色（383）
　6cm方形…1張《花瓣》
深綠色（440）
　5cm方形…3張《果實的葉片》
　3cm方形…1張《花萼》

〈鐵絲〉
#26（DG）36cm…4支《花朵＋果實》

〈珠子〉
小圓珠
　（No5D／紅色）…3個《果實》
　（No148F／黃色）…1個《雄蕊》
木珠
　（N大／原色）…3個《果實》
　（R小／原色）…1個《雄蕊》

〈其他〉
珍珠花蕊（原色中）…適量《雄蕊》
壓克力顏料（yellow）…適量《雄蕊》

作法

＊不織布裁法請參考P.107

1 製作一片花瓣。（參考P.17 Tech1）
2 製作一個雄蕊。（參考P.27 Tech6應用）
3 將珍珠花蕊上色，綁起來之後製作為一支雄蕊。（參考P.49 Tech23、下圖）
4 製作一支附花萼及花莖的花朵。（參考下圖）
5 製作三片果實的葉片。（參考P.17 Tech1）
6 製作三支附花莖的果實。（參考P.23 Tech6、P.24 Tech7、P.27 Tech6應用及下圖）
7 將花朵與果實捆綁在一起，以繡線【深綠色[1]】纏繞鐵絲並處理尾端。（參考P.25 Tech11）

製作雄蕊

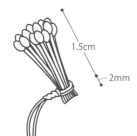

1.5cm

2mm

將雄蕊展開，於雌蕊背面塗抹黏膠後貼上，製成完整的花蕊。

製作附花萼及花莖的花朵

黏膠　花萼

在花瓣與花萼中心，以錐子從正面打個洞。將花蕊的鐵絲穿過花瓣。於珍珠花蕊底部塗上黏膠，黏貼在花瓣上。花萼穿進鐵絲後，塗抹黏膠貼在花朵背面。使用繡線【深綠色[1]】纏繞鐵絲，製作為花莖。

製作附花莖的果實

黏膠

黏膠

將小圓珠（紅色）穿進#26鐵絲（DG）後於珠子底部扭緊鐵絲。

使用繡線【紅色[1]】纏繞木珠（N大）後，穿過鐵絲，在小圓珠底部塗上黏膠後黏合。

將果實葉片中心由背面以錐子打個洞，將鐵絲穿過。

將果實的葉片塗上黏膠，黏到木珠上。

原寸紙型
＊紙型的使用方法請參考P.3
＊[ ]內為繡線股數
＊紙型內的線條為刺繡針腳方向

不織布：果實的葉片・3片・深綠色
❶綠色　毛邊繡[2]
❷綠色　緞面繡[2]
❸深綠色　直線繡[1]

此處剪開

不織布：花瓣・1片・黃色
❶黃色　毛邊繡[2]
❷黃色　緞面繡[3]
❸深黃色　直線繡[1]

不織布：花萼・1片・深綠色

8.波斯菊

作品頁數：P.26
完成尺寸：寬7×長20cm

材料

〈25 號繡線〉

淺棕色（3830）
棕色（355）
深棕色（3777）
綠色（3012）
深綠色（3011）

〈不織布〉

橘色（144）
　　7cm 方形…2 張《花瓣》
　　5cm 方形…1 張《花苞》
綠色（442）
　　6×5cm…2 張《大葉片》
　　4×3cm…4 張《小葉片》
　　3cm 方形…2 張《花萼》

〈鐵絲〉

#26（DG）36cm…9 支《花蕊＋花苞＋小葉片＋大葉片》

〈珠子〉

木珠（R 小／原色）…1 個《花苞》
琥珀色珠子（No2152／茶）…1 個《花蕊》

〈其他〉

珍珠花蕊（玫瑰）…適量《花蕊》
壓克力顏料（Burnt Umber、black）…適量《花蕊》

作法

* 紙型P.75
* 不織布裁法請參考P.107

1　製作兩片花瓣。（參考 P.17 Tech1）
2　將珍珠花蕊上色後，綁在一起作出兩支花蕊。
　　（參考 P.49 Tech23）
3　製作兩支附花萼與鐵絲的花朵。（參考下圖）
4　製作一片花苞的花瓣。（參考 P.17 Tech1）
5　製作附鐵絲的花苞。
　　（參考 P.27 Tech6應用、下圖）
6　製作四片附鐵絲的小葉片、兩片附鐵絲的大葉片，綁起來之
　　後製作為兩支附葉莖的葉片。（參考 P.31 Tech15、下圖）
7　使用繡線【深綠色[1]】纏繞花朵與花苞的鐵絲，製作為花
　　莖。（參考 P.25 Tech10）
8　將花朵、花苞與葉片捆綁在一起，使用繡線【深綠色[1]】纏
　　繞鐵絲並處理尾端。（參考 P.25 Tech11）

9.5cm

5.5cm

製作附花萼與鐵絲的花朵

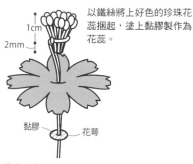

1cm
2mm

以鐵絲將上好色的珍珠花蕊捆起，塗上黏膠製作為花蕊。

黏膠　花萼

將花瓣與花萼中心由正面以錐子打個洞，將花蕊的鐵絲穿過。將花蕊塗上黏膠，黏貼在花瓣上。花萼穿進鐵絲後，塗上黏膠貼在花瓣背面。

製作附鐵絲的花苞

將鐵絲穿過琥珀色珠子後於底部扭緊鐵絲固定。

黏膠

將鐵絲穿過木珠（R 小）後，於琥珀色珠子底部塗上黏膠，貼合兩者。

黏膠

將花苞的花瓣中心由背面以錐子打個洞，將花蕊的鐵絲穿過。於花苞塗上黏膠後貼在木珠上。

製作附葉莖的葉片

1cm

使用繡線【深綠色[1]】纏繞大葉片的鐵絲，加上小葉片後捆在一起，以繡線繼續纏繞鐵絲，製作為葉莖。

原寸紙型

*紙型的使用方法請參考 P.3
*[ ]內為繡線股數
*紙型內的線條為刺繡針腳方向

8.波斯菊

此處剪開

不織布:花瓣·2 片·橘色
❶淺棕色　毛邊繡［2］
❷淺棕色　緞面繡［3］
❸棕色　緞面繡［2］
❹深棕色　直線繡［1］

不織布:花萼·2 片·綠色

不織布:花苞的花瓣·1 片·橘色
❶淺棕色　毛邊繡［2］
❷淺棕色　緞面繡［2］
❸棕色　直線繡［1］

小葉片

大葉片

不織布:小葉片·4 片·綠色
　　　　大葉片·2 片·綠色
❶綠色　毛邊繡［2］
❷綠色　緞面繡［2］
❸深綠色　直線繡［1］

10.越前水仙

不織布:花瓣·4 片·白色
　　　　花苞的花瓣·1 片·白色
❶白色　毛邊繡［2］
❷白色　緞面繡［3］
❸奶油色　緞面繡［2］

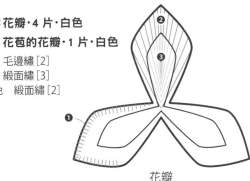

花瓣

花苞的花瓣

不織布:大花瓣·2 片·黃色
❶黃色　毛邊繡［2］
❷黃色　緞面繡［3］
❸黃色　緞面繡［2］

不織布:葉片·2 片·綠色
❶綠色　毛邊繡［2］
❷#24 鐵絲（DG）
❸綠色　緞面繡［3］
❹深綠色　緞面繡［2］

10.越前水仙

作品頁數：P.6,26
完成尺寸：寬7×長17cm

材料

〈25 號繡線〉
白色（712）
奶油色（739）
黃色（3820）
橘色（900）
綠色（905）
深綠色（904）

〈不織布〉
白色（701）
　　6cm 方形…4 張《花瓣》
　　5cm 方形…1 張《花苞花瓣》
黃色（334）3×5cm…2 張《大花蕊》
綠色（444）13×4cm…2 張《葉片》

〈鐵絲〉
#24（DG）36cm…5 支《花蕊＋花苞＋葉片》

〈珠子〉
大圓珠（No51 ／白色）…1 個《花苞》
木珠（R 大／原色）…1 個《花苞》

作法

＊紙型 P.75

＊不織布裁法請參考 P.107

1 製作四片花瓣。（參考 P.17 Tech1）

2 製作兩片大花蕊。（參考 P.17 Tech1）

3 製作兩支附鐵絲的花蕊。（參考下圖）

4 製作兩支附花莖的花朵。（參考下圖）

5 製作一片花苞的花瓣。（參考 P.17 Tech1）

6 製作一支附花莖的花苞。（參考 P.27 Tech6應用、下圖）

7 製作兩支附鐵絲的葉片。（參考 P.31 Tech15）

8 將花朵、花苞與葉片捆起，以繡線【深綠色[1]】纏繞鐵絲並處理尾端。
　　（參考 P.25 Tech11）

12.5cm

8.5cm

2.5cm

製作附鐵絲的花蕊

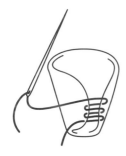

將大花蕊背面相對對折，以繡線【黃色[1]】繞縫★邊緣。

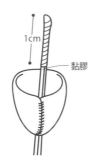

1cm

黏膠

使用繡線【橘色[1]】纏繞＃24鐵絲（DG）中央約5mm，對折後，繼續纏繞線長達1cm。將鐵絲穿過大花蕊後，以黏膠貼合。

製作附花莖的花朵

黏膠

將兩片花瓣的中間，由正面以錐子打個洞，將花朵的鐵絲穿過。塗少許黏膠在花瓣上，將花瓣稍微錯開位置黏好。使用繡線【深綠色[1]】纏繞鐵絲，製作花莖。

將上方的花瓣沿著花蕊貼好，將形狀調整為手掌的形狀，貼出立體樣貌。

製作附花莖的花苞

將大圓珠穿進＃24鐵絲（DG），於珠子底部扭緊鐵絲。

黏膠

將木珠（R大）穿進鐵絲，以黏膠固定。

黏膠

將花苞的花瓣中心由背面以錐子打個洞，將鐵絲穿過。

在花苞的花瓣塗上黏膠，貼在木珠上。使用繡線【深綠色[1]】纏繞鐵絲，製作為花莖。

✿✿✿✿✿

13.秋牡丹

作品頁數：P.28
完成尺寸：寬7×長17cm

材料

〈25號繡線〉	〈鐵絲〉
淺桃色（225）	#24（白色）36cm…1支《花瓣》
桃色（3727）	#24（DG）36cm…1支《花朵》
深桃色（316）	#26（DG）36cm…7支《小花苞＋大花苞＋葉片》
黃色（728）	〈珠子〉
黃綠色（3347）	木珠（R小／原色）…5個《小花苞＋大花苞》
淺綠色（3814）	小圓珠（No2105／桃色）…5個《小花苞＋大花苞》
綠色（991）	〈其他〉
深綠色（500）	毛球（紫色）直徑8mm…1個《花蕊》

〈不織布〉

桃色（110）

　8cm方形…1張《花瓣》

　4cm方形…2張《大花苞》

綠色（440）

　3cm方形…1張《花萼》

　6×7cm…2張《葉片》

9cm

5cm

8cm

作法

＊紙型P.78

＊不織布裁法請參考P.107

1　製作一片加了鐵絲的花瓣。

　（參考P.23 Tech5）

2　製作一個花蕊。

　（參考P.29 Tech12、P.30 Tech13、下圖參考）

3　製作一支附花萼及鐵絲的花朵。

　（參考P.30 Tech14、下圖）

4　製作三支附鐵絲的小花苞。

　（參考P.23 Tech6、P.24 Tech7、下圖）

5　製作大花苞，再製作兩支附鐵絲的大花苞。（參考P.17 Tech1、P.24 Tech7、下圖）

6　製作兩支附鐵絲的葉片。（參考P.31 Tech15）

7　使用繡線【黃綠色[1]】纏繞花朵、葉片及大小花苞的鐵絲，製作為花莖。（參考P.25 Tech10）

8　將花朵、葉片及大小花苞綁在一起，以繡線【黃綠色[1]】纏繞鐵絲並處理尾端。（參考P.25 Tech11）

製作花蕊

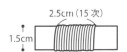

2.5cm（15次）

1.5cm

以繡線【黃色[6]】纏繞在寬1.5cm的捲線底紙上，繞15次直到寬大約有2.5cm。

2.5cm

1cm

參考P.30Tech13製作，修剪至長約1cm左右，將兩端貼合成為一個圓圈。

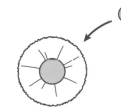

以梳子整理線頭，並將毛球貼在中間。

製作附鐵絲的小花苞

使用繡線【深桃色[1]】纏繞木珠（R小）。

將小圓珠（桃色）穿進#26鐵絲（DG）當中，扭緊底部鐵絲。

黏膠

將鐵絲穿過木珠，於小圓珠底部塗上黏膠後固定。

製作附花萼及鐵絲的花朵

將花蕊背面塗上黏膠，黏在花瓣中間。彎折花瓣為其打造樣貌。

黏膠

在花萼中間以錐子打個洞，將中央作出直徑3mm圓圈的#24鐵絲（DG）穿過。

將花萼塗上黏膠，貼在花朵背面。

製作附鐵絲的大花苞

黏膠

將小圓珠（桃色）穿過#26鐵絲（DG）後扭緊珠子底部的鐵絲。將鐵絲穿過木珠後以黏膠貼合。

將大花苞中心由背面以錐子打個洞，將鐵絲穿過去後塗上黏膠。

將花苞貼在木珠上，大花苞即完成。

原寸紙型

＊紙型的使用方法請參考 P.3
＊[ ]內為繡線股數
＊紙型內的線條為刺繡針腳方向

13.秋牡丹

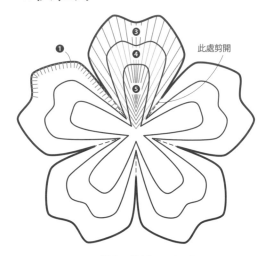

此處剪開

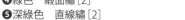

不織布：花瓣・1 片・桃色

❶淺桃色　毛邊繡 [2]
❷#24 鐵絲（白色）
❸淺桃色　緞面繡 [3]
❹桃色　緞面繡 [2]
❺深桃色　緞面繡 [2]

不織布：葉片・2 片・綠色

❶淺綠色　毛邊繡 [2]
❷#24 鐵絲（DG）
❸淺綠色　緞面繡 [3]
❹綠色　緞面繡 [2]
❺深綠色　直線繡 [2]

不織布：大花苞・2 片・桃色

❶桃色　毛邊繡 [2]
❷桃色　緞面繡 [2]
❸深桃色　直線繡 [1]

不織布：花萼・1 片・綠色

14.雛菊

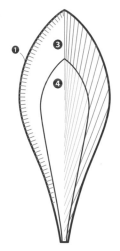

不織布：葉片・3 片・綠色

❶綠色　毛邊繡 [2]
❷#26 鐵絲（DG）
❸綠色　緞面繡 [3]
❹深綠色　緞面繡 [2]

不織布：花萼・5 片・綠色

15.蒲公英

不織布：中花萼・1 片・綠色

不織布：大花萼・1 片・綠色

不織布：葉片・2 片・綠色

❶淺綠色　毛邊繡 [2]
❷#24 鐵絲（DG）
❸淺綠色　緞面繡 [3]
❹綠色　緞面繡 [2]
❺深綠色　直線繡 [2]

✿✿✿✿✿
14.雛菊

作品頁數：P.28
完成尺寸：寬7×長11cm

材料

〈25 號繡線〉 　　〈不織布〉
黃色（3821）　　綠色（450）
桃色（899）　　　3cm 方形… 5 張《花萼》
綠色（907）　　　8×4cm … 3 張《葉片》
深綠色（703）　 〈鐵絲〉
　　　　　　　　#26（DG）36cm … 8 支
　　　　　　　　《花朵＋葉片》

✿✿✿✿✿
15.蒲公英

作品頁數：P.10,28
完成尺寸：寬6×長9cm

材料

〈25 號繡線〉 　　〈不織布〉
淺黃色（3822）　綠色（444）
黃色（3820）　　10×6cm … 2 張《葉片》
深黃色（3852）　3cm 方形… 2 張《花萼》
淺綠色（905）　 〈鐵絲〉
綠色（904）　　　#24（DG）36cm … 4 支
深綠色（3345）　《花朵＋葉片》

9cm
5cm
2cm

作法

＊紙型 P.78
＊不織布裁法請參考 P.107

1 製作五個花朵。
（參考 P.29 Tech12、P.30 Tech13、P.31 Tech16）
2 製作五支附花萼及鐵絲的花朵。（P.30 Tech14）
3 製作三支附鐵絲的葉片。（參考 P.31 Tech15）
4 使用繡線【深綠色[1]】纏繞花朵及葉片的鐵絲，製作為花莖。
（參考 P.25 Tech10）
5 將花朵與葉片捆綁在一起，使用繡線【深綠色[1]】
纏繞鐵絲並處理尾端。（參考 P.25 Tech11）

8cm
6cm
3cm
1cm

作法

＊紙型 P.78
＊不織布裁法請參考 P.107

1 製作小花瓣及中花瓣各兩片、大花瓣一片，製作大花朵及中花朵各一。
（參考 P.29 Tech12、P.30 Tech13、P.31 Tech16、下圖）
2 製作附花萼及鐵絲的中花朵、大花朵各一。（參考 P.30 Tech14、下圖）
3 製作兩支附鐵絲的葉片。（參考 P.31 Tech15）
4 使用繡線【深綠色[1]】纏繞花朵及葉片的鐵絲，製作為花莖。
（參考 P.25 Tech10）
5 將花朵及葉片捆綁在一起，使用繡線【深綠色[1]】纏繞鐵絲並處理尾端。
（參考 P.25 Tech11、下圖）

製作花朵

小花瓣

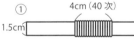
① 4cm（40 次）
1.5cm

4cm
1.4cm

準備好寬1.5cm的捲線底紙，將繡線【深黃色[6]】纏繞
約40次，使其寬約4cm，將長度修剪為約1.4cm。

捲出小花瓣。

中花瓣

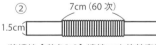
② 7cm（60 次）
1.5cm
7cm
1.4cm

將繡線【黃色[6]】纏繞60次使其寬達約7cm，
將長度修剪為約1.4cm。

①＋②
黏膠

將中花瓣捲在小花瓣外。

中花朵即完成。

大花瓣

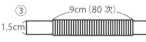
③ 9cm（80 次）
1.5cm
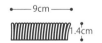
9cm
1.4cm

將繡線【淺黃色[6]】纏繞80次使其寬達約9cm，
將長度修剪為約1.4cm。

①＋②＋③
黏膠

將大花瓣繼續捲到花上。

大花朵即完成。

製作附花萼及鐵絲的花朵

黏膠

在花萼中央以錐子打個洞，將中間作出直徑3mm圓圈的#24鐵絲（DG）穿過，以黏膠貼合。

大花朵　中花朵
黏膠　黏膠

將大花萼及中花萼分別塗上黏膠，黏貼在大花朵及中花朵的背面。

將花朵及葉片捆綁在一起

將附花莖的中花朵及大花朵與葉片捆綁在一起，使用繡線【深綠色[1]】纏繞鐵絲。

✿✿✿✿✿
17.芍藥

作品頁數：P.32
完成尺寸：寬9×長9cm

材料

〈25 號繡線〉
朱色（321）
淺紅色（304）
紅色（816）
深紅色（814）
綠色（934）

〈不織布〉
深紅色（120）4cm 方形…8 片《小花瓣》
紅色（113）
　5×6cm…5 張《中花瓣》
　6×7cm…6 張《大花瓣》

〈鐵絲〉
#26（DG）36cm…10 支《小花瓣＋中花瓣》
#30（白色）36cm…1 支《花蕊》

〈其他〉
珍珠花蕊（原色中）…適量《花蕊》
壓克力顏料（yellow）…適量《花蕊》

作法

＊不織布裁法請參考P.107

1 將珍珠花蕊上色後，綁起來製作為一支花蕊。
（參考P.49 Tech23、下圖）

2 製作五片附鐵絲的小花瓣、五片附鐵絲的中花瓣。
（參考P.31 Tech15、下圖）

3 製作三片未加鐵絲的小花瓣、六片未加鐵絲的大花瓣。
（參考P.17 Tech1、下圖）

4 將花瓣沿著花蕊排列，使用繡線【深綠色[1]】纏繞鐵絲，
製作為花莖。（參考P.25 Tech10），並處理鐵絲尾端。
（參考P.34Tech17、下圖）

製作花蕊

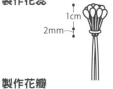

1cm
2mm

將上好色的珍珠花
蕊以鐵絲綁起來。

製作附花莖的花朵

  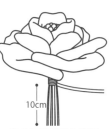

在未加鐵絲的小花
瓣底邊塗上黏膠，
捲在花蕊外側，以
珠針固定。

將另外兩片未加鐵絲
的小花瓣也貼上。

10cm

將未加鐵絲的小花瓣、中花
瓣各五片依序黏貼。在鐵絲
上塗一些黏膠，使用繡線
【綠色[1]】重複纏繞鐵絲5
至6次。

製作花瓣

小花瓣
小花瓣
中花瓣
大花瓣

製作五片附鐵絲的小
花瓣，及三片未加鐵
絲的小花瓣。

中花瓣五片
都要加鐵絲。

大花瓣六片
都不加鐵絲。

黏膠

在大花瓣的底部塗上黏膠，貼在中花瓣的外側，以珠針固定。
使用繡線【綠色[1]】纏繞鐵絲，完成花莖整合花瓣。

原寸紙型

＊紙型的使用方法請參考 P.3
＊[ ] 內為繡線股數
＊紙型內的線條為刺繡針腳方向

  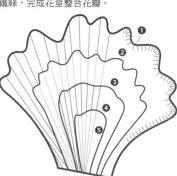

不織布：小花瓣・8片・深紅色

❶紅色　毛邊繡[2]
❷#26鐵絲(DG)
❸紅色　緞面繡[3]
❹深紅色　緞面繡[2]

不織布：中花瓣・5片・紅色

❶淺紅色　毛邊繡[2]
❷#26鐵絲(DG)
❸淺紅色　緞面繡[3]
❹紅色　緞面繡[2]
❺深紅色　緞面繡[2]

不織布：大花瓣・6片・紅色

❶紅色　毛邊繡[2]
❷紅色　緞面繡[3]
❸淺紅色　緞面繡[2]
❹紅色　緞面繡[2]
❺深紅色　緞面繡[2]

20. 番紅花

✿✿✿✿❀

作品頁數：P.32
完成尺寸：寬4×長10cm

材料

〈25 號繡線〉
淺黃色（3821）
黃色（3820）
深黃色（3852）
綠色（3011）

〈不織布〉
黃色（332）7×4cm…6 張《大花瓣＋小花瓣》

〈鐵絲〉
#30（白色）36cm…3 支《花蕊》
#26（DG）36cm…6 支《大花瓣＋小花瓣》
#24（DG）
　　36cm…3 支《葉片》
　　18cm…3 支《葉片中心》

〈珠子〉
小圓珠（No10／橘色）…45 個《花蕊》

作法

＊不織布裁法請參考P.107

1　製作一支花蕊。（參考P.63 Tech33、下圖）
2　製作三枝附鐵絲的小花瓣、三支附鐵絲的大花瓣。（參考P.31 Tech15）
3　製作附花莖的花朵。
　　（參考P.34 Tech17、下圖）
4　製作葉片。（參考P.63 Tech34、下圖）
5　將花朵與葉片捆綁在一起，使用繡線【深綠色[1]】纏繞鐵絲並處理尾端。（參考P.25 Tech11）

5cm
1.5cm
3cm

製作花蕊

小圓珠1個

小圓珠14個

將一個小圓珠穿進＃30鐵絲（白色）當中，對折鐵絲後，在珠子底部將鐵絲扭轉2至3次。將14個小圓珠穿進鐵絲裡。

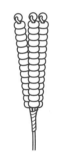

製作三支花蕊，綁在一起後，底部以繡線【綠色[1]】纏繞2至3次。

製作附花莖的花朵

將三片小花瓣沿著花蕊外側擺放，將鐵絲綁在一起，底部塗上薄薄一層黏膠後使用繡線【綠色[1]】纏繞鐵絲。

將三片大花瓣沿著小花瓣外側，並與其錯開擺放，將鐵絲綁在一起後，於花瓣底部塗上薄薄一層黏膠，使用繡線【綠色[1]】纏繞鐵絲，製作為花莖。

製作葉片

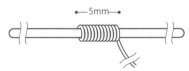

—5mm—

使用繡線【綠色[1]】纏繞在36cm的＃24鐵絲（DG）中央約5mm。

原寸紙型

＊紙型的使用方法請參考 P.3
＊[ ]內為繡線股數
＊紙型內的線條為刺繡針腳方向

1cm

對折後，纏繞繡線【綠色[1]】約1cm。

在鐵絲之間夾進18cm的＃24鐵絲（DG），在鐵絲上塗薄薄一層黏膠，以繡線繼續往下纏繞8cm。

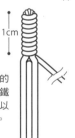

1cm

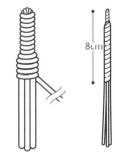

8cm

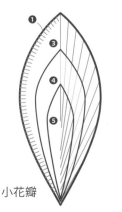

小花瓣

❶
❸
❹
❺

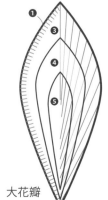

大花瓣

❶
❸
❹
❺

不織布：小花瓣與大花瓣‧各 3 片‧黃色

❶淺黃色　毛邊繡[2]
❷#26 鐵絲（DG）
❸淺黃色　緞面繡[3]
❹黃色　緞面繡[2]
❺深黃色　緞面繡[2]

✿✿✿✿✿

21.山茶花

作品頁數：P.13,32
完成尺寸：寬9×長13cm

材料

〈25號繡線〉
淺桃色（3688）
桃色（3687）
深桃色（3803）
紅色（3685）
淺綠色（3818）
綠色（890）
深綠色（500）

〈不織布〉
紅色（120）5cm方形…2張《花瓣a》
桃色（126）5cm方形…4張《花瓣b》
淺桃色（102）5cm方形…6張《花瓣c》
綠色（446）10×6cm…2張《葉片》

〈鐵絲〉
#24
　（DG）36cm…2支《葉片》
　（白色）36cm…12支《花瓣a～c》
#28（白色）36cm…1支《花蕊》

〈其他〉
珍珠花蕊（原色中）…適量《花蕊》
壓克力顏料（yellow）…適量《花蕊》

作法

＊不織布裁法請參考P.107

1 將珍珠花蕊上色後，綁起來作成一支花蕊。（參考P.49 Tech23）
2 製作兩片附鐵絲的花瓣a、四片附鐵絲的花瓣b、六片附鐵絲的花瓣c。（參考P.31 Tech15、下圖）
3 製作一支附花莖的花朵。（參考P.34 Tech17、下圖）
4 製作兩支附鐵絲的葉片。（參考P.31 Tech15）
5 將花朵與葉片捆綁在一起，使用繡線【深綠色[1]】纏繞鐵絲，製作為花莖（參考P.25 Tech10），並處理尾端。（參考P.25 Tech11）

製作花蕊

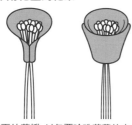

2.3cm
2mm

將上色的花蕊以鐵絲綁起，塗上黏膠、製作為花蕊。

製作附鐵絲的花瓣

花瓣a×2片　　花瓣b×4片　　花瓣c×6片

製作附花莖的花朵

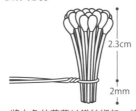

將六片花瓣c沿著外側黏貼，以珠針固定，待其乾燥。使用繡線【深綠色[1]】纏繞鐵絲，製作為花莖。

將兩片花瓣a以包覆珍珠花蕊的方式，沿著花蕊外側貼上，以珠針固定，待其乾燥。

將四片花瓣b沿著外側黏貼，以珠針固定，待其乾燥。

原寸紙型

＊紙型的使用方法請參考P.3
＊[　]內為繡線股數
＊紙型內的線條為刺繡針腳方向

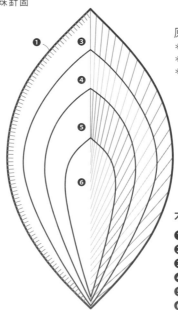

不織布：花瓣a・2片・紅色

❶深桃色　毛邊繡[2]
❷#24鐵絲（白色）
❸深桃色　緞面繡[3]
❹紅色　緞面繡[2]
❺紅色　緞面繡[2]
❻紅色　緞面繡[2]

不織布：花瓣b・4片・桃色

❶桃色　毛邊繡[2]
❷#24鐵絲（白色）
❸桃色　緞面繡[3]
❹深桃色　緞面繡[2]
❺紅色　緞面繡[2]
❻紅色　緞面繡[2]

不織布：花瓣c・6片・淺桃色

❶淺桃色　毛邊繡[2]
❷#24鐵絲（白色）
❸淺桃色　緞面繡[3]
❹桃色　緞面繡[2]
❺深桃色　緞面繡[2]
❻紅色　緞面繡[2]

不織布：葉片・2片・綠色

❶淺綠色　毛邊繡[2]
❷#24鐵絲（DG）
❸淺綠色　緞面繡[3]
❹綠色　緞面繡[2]
❺深綠色　緞面繡[2]
❻深綠色　緞面繡[2]

6cm
7cm

82

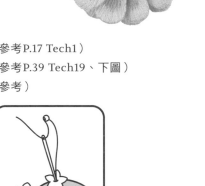

22.百日菊

作品頁數：P.36
完成尺寸：寬7×長7cm

材料

〈25 號繡線〉
淺桃色（353）
桃色（352）
深桃色（351）
紅色（777）

〈不織布〉
桃色（301）10cm 方形…2 張《花瓣》
紅色（120）4cm 方形…1 張《花蕊》

〈珠子〉
小圓珠
　（No5D ／紅色）…適量《花蕊》
　（No148F ／黃色）…8 個《小花朵》
造型珠（PB-718）…8 個《小花朵》

〈其他〉
棉線…適量《花蕊》

作法
＊不織布裁法請參考P.107

1 製作兩片花瓣。（參考P.17 Tech1）

2 製作一個花蕊。（參考P.39 Tech19、下圖）

3 製作花朵。（下圖參考）

製作花蕊

將小圓珠（紅色）以繡線
【紅色[2]】縫在花蕊的
不織布上。請勿塞入棉
花，直接在周圍以棉線進
行平針縫後，拉緊打結。

製作花朵

不要塗抹黏膠，將兩片花瓣稍
微錯開位置後，疊合在一起。

在花蕊背後塗上黏膠，貼在兩片
重疊花瓣的中心，以小木棍或筆
之物壓緊中心。先疊放花瓣後，
再貼上花蕊，較為立體。

將造型珠與小圓珠（黃色）縫在花
蕊的周圍，完成小花朵。在上層花
瓣的背面中心塗上黏膠，貼在下層
的花瓣上。

原寸紙型
＊紙型的使用方法請參考 P.3
＊[ ] 內為繡線股數
＊紙型內的線條為刺繡針腳方向

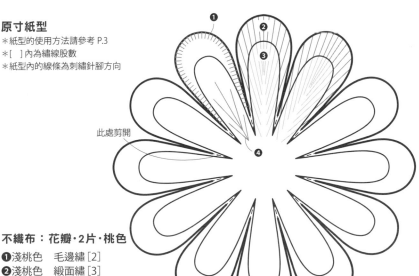

此處剪開

不織布：花瓣・2片・桃色

❶淺桃色　毛邊繡[2]
❷淺桃色　緞面繡[3]
❸桃色　緞面繡[2]
❹深桃色　直線繡[1]

不織布：花蕊・1片・紅色

❶小圓珠（紅色）
使用繡線【紅色[2]】縫合

🌸🌸🌸🌸🌸
23.大丁草

作品頁數：P.36
完成尺寸：寬8×長8cm

材料

〈25 號繡線〉　　〈不織布〉

淺棕色（976）　　棕色（229）4cm 方形…1 張《花蕊》

棕色（3826）　　橘色（370）10cm 方形…2 張《大花瓣》

深棕色（975）　　深橘色（144）7cm 方形…1 張《小花瓣》

紅棕色（921）　　〈其他〉

黃土色（420）　　手工藝用棉花…適量《花蕊》

焦茶色（938）　　棉線…適量《花蕊》

作法

＊不織布裁法請參考P.107

1 製作一個花蕊。（參考P.39 Tech19、下圖）

2 製作兩片大花瓣、一片小花瓣。（參考P.17 Tech1）

3 製作花朵。（參考下圖）

製作花蕊

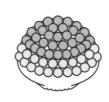

將花蕊的不織布以法國結粒繡填滿，
周圍以棉線縫一圈平針縫後，將棉花
塞入，拉緊後打結。

製作花朵

將大花瓣背面塗上黏膠，並將另一片大花瓣的
位置錯開後貼合。略微固定後，以小木棍或筆
等物品壓緊，待其乾燥。

在小花瓣的背面塗上黏膠，與大花瓣的
位置錯開後，黏貼在大花瓣上。待中心
略微固定後，以小木棍或筆等物品壓
緊、待其乾燥。在花蕊背面塗上黏膠，
黏貼在小花瓣中心。

黏膠

原寸紙型

＊紙型的使用方法請參考 P.3

＊[ ]內為繡線股數

＊紙型內的線條為刺繡針腳方向

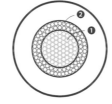

不織布：花蕊·1片·茶色

❶焦茶色　繞三次的
　法國結粒繡［2］

❷土黃色　繞兩次的
　法國結粒繡［2］

不織布：小花瓣·1片·深橘色

❶紅棕色　毛邊繡［2］

❷紅棕色　緞面繡［2］

❸深棕色　直線繡［1］

不織布：大花瓣·2片·橘色

❶淺棕色　毛邊繡［2］

❷淺棕色　緞面繡［3］

❸棕色　緞面繡［2］

❹深棕色　直線繡［1］

❀❀❀❀❀

24.瓜葉菊

作品頁數：P.36
完成尺寸：寬 5× 長 5cm（花朵）、寬 6× 長 6cm（葉片）

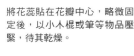

A色（藍色）
B色（粉紅色）

材料

A 色
〈25 號繡線〉
淺藍色（312）
藍色（803）
深藍色（336）
〈不織布〉
藍色（557）9cm 方形…1 張《花瓣》
黃色（383）4cm 方形…1 張《花蕊》
〈珠子〉
小圓珠
（No148F ／黃色）…適量《花蕊》
（No2109 ／奶油色）…適量《花蕊》
〈其他〉
棉線…適量《花蕊》

B 色
〈25 號繡線〉
淺桃色（962）
桃色（961）
深桃色（3832）
〈不織布〉
桃色（105）9cm 方形…1 張《花瓣》
綠色（443）4cm 方形…1 張《花蕊》
〈珠子〉
小圓珠
（44F ／綠色）…適量《花蕊》
（No24 ／黃綠色）…適量《花蕊》
〈其他〉
棉線…適量《花蕊》

葉片（相同）
〈25 號繡線〉
黃綠色（937）
淺綠色（936）
綠色（935）
深綠色（934）
〈不織布〉
綠色（444）8cm 方形
…1 張《葉片》

作法
＊不織布裁法請參考P.107
1 製作一片花瓣。
　（參考P.17 Tech1）
2 製作一個花蕊。
　（參考P.39 Tech19、下圖）
3 製作一片葉片。
　（參考P.17 Tech1）
4 製作花朵。（參考下圖）
※若想貼加葉片，將花朵黏貼在
葉片上即可。

原寸紙型
☆紙型的使用方法請參考 P.3
＊〈　〉內為 B 色作品；[　] 內為繡線股數
＊紙型內的線條為刺繡針腳方向

製作花蕊
以棉線將兩款小圓珠縫在花蕊的不織布上，請勿塞棉花，在周圍縫一圈平針縫後拉緊打結。

在花蕊背面塗上黏膠。

製作花朵

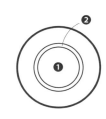

將花蕊貼在花瓣中心，略微固定後，以小木棍或筆等物品壓緊，待其乾燥。

此處剪開

不織布：花瓣·1片·藍色〈桃色〉
❶淺藍色〈淺桃色〉 毛邊繡[2]
❷淺藍色〈淺桃色〉 緞面繡[3]
❸藍色〈桃色〉 緞面繡[2]
❹深藍色〈深桃色〉 直線繡[2]

不織布：葉片·1片·綠色
❶黃綠色 毛邊繡[2]
❷黃綠色 緞面繡[3]
❸淺綠色 緞面繡[2]
❹綠色 緞面繡[2]
❺深綠色 緞面繡[2]

不織布：花芯·1片·黃色〈綠色〉
❶小圓珠 奶油色〈黃綠色〉
❷小圓珠 黃色〈綠色〉

✿✿✿✿✿ 26.黑覆盆莓

作品頁數：P.37
完成尺寸：寬5×長9cm

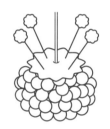

3cm

材料

〈25號繡線〉
黑色（310）
綠色（936）
深綠色（935）

〈不織布〉
深藍色（558）5cm
　方形…2片《果實》
綠色（444）
　6×5cm…3張《葉片》
　3cm 方形…2片《蒂頭》

〈鐵絲〉
#21（DG）18cm…2支《蒂頭》
#24（DG）36cm…3支《葉片》

〈珠子〉
大圓珠（No49／黑色）…適量《果實》

〈其他〉
手工藝用棉花…適量《果實》
棉線…適量《果實》

作法

＊不織布裁法請參考P.107

1 製作兩個用珠子縫製的果實。（參考P.39 Tech19、下圖）
2 製作兩支附蒂頭及花莖的果實。（參考下圖）
3 將附花莖的果實捆起。（參考P.25 Tech11、下圖）
4 製作三支附鐵絲的葉片。（參考P.31 Tech15）
5 使用繡線【深綠色[1]】纏繞葉片的鐵絲，製作為葉莖。
　（參考P.25 Tech10）
6 將附葉莖的葉片捆綁在一起。（參考下圖）
7 將果實與葉片捆綁在一起，使用繡線【深綠色[1]】纏繞鐵絲
　並處理尾端。（參考P.25 Tech11、下圖）

製作果實

將大圓珠以繡線【黑色[2]】縫在果實的不織布上。周圍以棉線縫一圈平針縫，塞入手工藝用棉花後拉緊打結。

製作附蒂頭及花莖的果實

黏膠

在蒂頭的中心以錐子打個洞，將前端作出直徑3mm圓圈的＃21鐵絲（DG）穿過去。在鐵絲的圓圈上塗黏膠，貼在蒂頭上。

將果實黏到蒂頭上，以珠針固定，待其乾燥。在蒂頭的鐵絲上塗薄薄一層黏膠，使用繡線【深綠色[1]】纏繞鐵絲、製作為花莖。

捆綁附花莖的果實

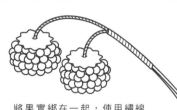

將果實綁在一起，使用繡線【深綠色[1]】纏繞鐵絲、製作為花莖。

將附葉莖的葉片捆綁在一起

將附葉莖的葉片捆綁在一起，使用繡線【深綠色[1]】纏繞鐵絲。

將果實與葉片捆綁在一起

將果實與葉片捆綁在一起，使用繡線【深綠色[1]】纏繞鐵絲。

原寸紙型

＊紙型的使用方法請參考 P.3
＊[　]內為繡線股數
＊紙型內的線條為刺繡針腳方向

不織布：花萼・2片・綠色

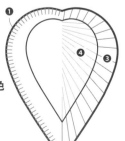

不織布：葉片・3片・綠色

❶綠色　毛邊繡[2]
❷#24鐵絲(DG)
❸綠色　緞面繡[3]
❹深綠色　緞面繡[2]

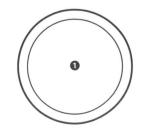

不織布：果實・2片・深藍色

❶大圓珠(黑色)
以繡線【黑色[2]】縫製

86

✿✿✿✿✿
28.草莓

作品頁數：P.37
完成尺寸：寬2×長2.5cm（果實）

材料（果實）

〈25號繡線〉	〈不織布〉
淺紅色（321）	紅色（118）5×7cm…2張《果實》
紅色（498）	綠色（450）4cm 方形…2張《蒂頭》
深紅色（815）	〈鐵絲〉
黃色（3852）	#24（DG）18cm…2支《蒂頭》
淺綠色（988）	〈其他〉
綠色（987）	手工藝用棉花…適量《果實》
深綠色（500）	棉線…適量《果實》

作法
＊不織布裁法請參考P.107

1 與野草莓相同，製作一支附葉莖的葉片及三支附花莖的花朵。（參考P.61）

2 製作果實及花萼各兩片。（參考P.17 Tech1）

3 製作兩個果實。（參考下圖）

4 製作兩支附蒂頭及花莖的果實。（參考下圖）

5 將花朵、葉片與果實綁在一起，使用繡線【深綠色[1]】纏繞鐵絲，整合作品。（參考P.25 Tech11、下圖）

製作果實

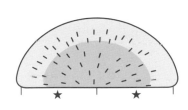

參考紙型將果實上的★處疊在一起，背面相對對摺，以繡線【深紅色[1]】繞縫。

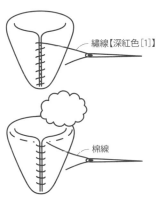

繡線【深紅色[1]】

棉線

將上端周圍以棉線縫一圈平針縫，塞入手工藝用棉花後，將線拉緊打結。

製作附蒂頭及花莖的果實

黏膠

將蒂頭中心由內側以錐子打個洞，將前端折出3mm直徑圓圈#24鐵絲（DG）穿過去。將鐵絲的圈圈以黏膠黏貼在蒂頭上。

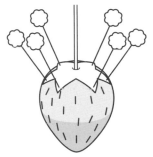

將蒂頭黏貼在草莓上，以珠針固定後，待其乾燥。在花莖的鐵絲上塗一層薄薄的黏膠，使用繡線【深綠色[1]】纏繞鐵絲，製作為花莖。

原寸紙型
＊紙型的使用方法請參考 P.3
＊[ ]內為繡線股數
＊紙型內的線條為刺繡針腳方向

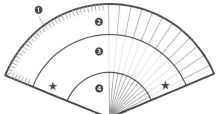

不織布：果實·2片·紅色
❶深紅色　毛邊繡[2]
❷淺紅色　緞面繡[3]
❸紅色　緞面繡[2]
❹深紅色　緞面繡[2]
❺黃色　雛菊繡[1]

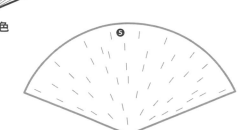

不織布：花萼·2片·綠色
❶淺綠色　毛邊繡[2]
❷淺綠色　緞面繡[2]
❸綠色　直線繡[1]

30.藍色雛菊
31.粉紅瑪格麗特

粉紅瑪格麗特（A色）

藍色雛菊（B色）

3cm

3cm

3cm

5cm

5cm

3cm

5cm

作品頁數：P.40
完成尺寸：寬6×長9cm（藍色雛菊）、寬8×長14cm（粉紅瑪格麗特）

材料

A 色
〈25 號繡線〉
桃色（3609）
深桃色（3608）
綠色（470）
深綠色（937）
〈不織布〉
桃色（102）6cm 方形…3 張《花瓣》
綠色（450）7×5cm…3 張《葉片》
〈鐵絲〉
#21（DG）18cm…3 支《花蕊》
#26（DG）36cm…3 支《葉片》
〈其他〉
樹脂黏土（白色）…適量《花蕊》
油畫顏料（permanent yellow light、
burnt siennna）…適量《花蕊》
水性壓克力顏料亮光漆（厚塗具光澤款）
…適量《花蕊》

B 色
〈25 號繡線〉
藍色（518）
深藍色（517）
綠色（166）
深綠色（581）
〈不織布〉
藍色（553）6cm 方形…1 片《花瓣》
綠色（450）7×5cm…2 張《葉片》
〈鐵絲〉
#21（DG）18cm…1 支《花蕊》
#26（DG）36cm…2 支《葉片》
〈其他〉
樹脂黏土（白色）…適量《花蕊》
油畫顏料（permanent yellow light、
burnt siennna）…適量《花蕊》
水性壓克力顏料亮光漆（厚塗具光澤款）
…適量《花蕊》

作法

＊紙型P.89
＊不織布裁法請參考P.107

1 製作三片A色花瓣、一片B色花瓣。（參考P.17 Tech1）

2 製作三支A色花蕊、一支B色花蕊。
（參考P.42 Tech20、P.43 Tch21、下圖）

3 製作附鐵絲的A色葉片a、b、c各一支；B色的a、b 各一支。（參考P.31 Tech15）

4 製作三支附鐵絲的A色花朵、一支B色花朵。
（參考下圖）

5 使用繡線【深綠色[1]】纏繞花朵與葉片的鐵絲，製 作為花莖。（參考P.25 Tech10）

6 將花朵與葉片捆綁在一起，使用繡線【深綠色[1]】 纏繞鐵絲並處理尾端。（參考P.25 Tech11、下圖）

製作花蕊

將樹脂黏土上色後
製作為花蕊。

製作附鐵絲的花朵

黏膠

在花瓣中心由正面以錐子打個
洞，將花蕊的鐵絲穿過。在花蕊
背面塗上黏膠、貼在花瓣上。

以手掌包覆花瓣，將花瓣調整為
立體形狀。

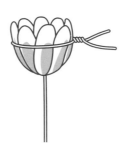

以鐵絲輕輕捲起花瓣，使其固
定後乾燥。

將花朵與葉片捆綁在一起

將花朵與葉片捆綁在一起，
使用繡線【深綠色[1]】纏繞
鐵絲。

原寸紙型

＊紙型的使用方法請參考 P.3
＊〈 〉內為 B 色作品；[ ] 內為繡線股數
＊紙型內的線條為刺繡針腳方向

30.藍色雛菊 · 31.粉紅瑪格麗特

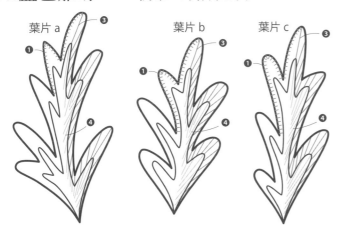

葉片 a　　葉片 b　　葉片 c

此處剪開

黏土

花蕊尺寸

約略大小

不織布：葉片a、葉片b、葉片c·各1片〈ab各1片〉·綠色〈綠色〉

❶綠色〈綠色〉　毛邊繡 [2]
❷#26 鐵絲 (DG)
❸綠色〈綠色〉　緞面繡 [2]
❹深綠色〈深綠色〉　緞面繡 [2]

不織布：花瓣·3片〈1片〉·桃色〈藍色〉

❶桃色〈藍色〉　毛邊繡 [2]
❷桃色〈藍色〉　緞面繡 [2]
❸深桃色〈深藍色〉　直線繡 [1]

34.藍莓

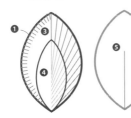

不織布：葉片·8片·綠色

❶綠色　毛邊繡 [2]
❷#26 鐵絲 (DG)
❸綠色　緞面繡 [3]
❹深綠色　緞面繡 [2]
❺淺綠色　直線繡 [1]

8mm

果實尺寸約略大小

36.槲寄生

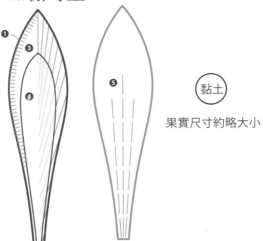

黏土

果實尺寸約略大小

不織布：葉片·6片·綠色

❶綠色　毛邊繡 [2]
❷#26 (鐵絲 DG)
❸綠色　緞面繡 [3]
❹深綠色　緞面繡 [2]
❺淺綠色　裂線繡 [1]

✿✿✿✿✿ 34.藍莓

作品頁數：P.41

完成尺寸：寬8×長11cm

材料

〈25 號繡線〉

淺綠色（702）

綠色（910）

深綠色（909）

棕色（938）

〈不織布〉

綠色（440）4×3cm…8 張《葉片》

〈鐵絲〉

#21（DG）18cm…10 支《果實》

#26（DG）36cm…8 支《葉片》

〈其他〉

樹脂黏土（白色）…適量《果實》

油畫顏料（prussian blue、lamp black）…適量《果實》

水性壓克力顏料亮光漆（厚塗具光澤款）…適量《果實》

作法

＊紙型P.89

＊不織布裁法請參考P.107

1 製作八支附鐵絲的葉片。（參考P.31 Tech15）

2 製作十支附鐵絲的果實。（參考P.42 Tech20、P.43 Tech21）

3 使用繡線【深綠色[1]】纏繞葉片與果實的鐵絲，製作為花莖。（參考P.25 Tech10）

4 將葉片與果實捆綁在一起，使用繡線【棕色[1]】纏繞鐵絲並處理尾端。（參考P.25 Tech11、下圖）

將葉片與果實捆綁在一起

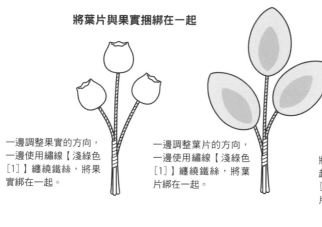

一邊調整果實的方向，一邊使用繡線【淺綠色[1]】纏繞鐵絲，將果實綁在一起。

一邊調整葉片的方向，一邊使用繡線【淺綠色[1]】纏繞鐵絲，將葉片綁在一起。

將葉片與果實捆綁在一起，使用繡線【棕色[1]】纏繞鐵絲，將葉片與果實綁在一起。

✿✿✿✿✿ 36.槲寄生

作品頁數：P.41

完成尺寸：寬15×長12cm

材料

〈25 號繡線〉

淺綠色（3013）

綠色（3012）

深綠色（3011）

〈不織布〉

綠色（442）8×3cm…6 張《葉片》

〈鐵絲〉

#24（DG）18cm…8 支《果實》

#26（DG）36cm…6 支《葉片》

〈其他〉

樹脂黏土（白色）…適量《果實》

壓克力顏料（middle green、yellow orcher）…適量《果實》

水性壓克力顏料亮光漆（厚塗具光澤款）…適量《果實》

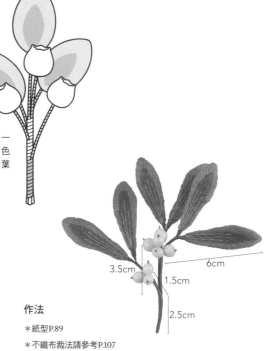

作法

＊紙型P.89

＊不織布裁法請參考P.107

1 製作六支附鐵絲的葉片。（參考P.31 Tech15）

2 製作八支附鐵絲的果實。

參考（P.42 Tech20、P.43 Tech21）

3 使用繡線【深綠色[1]】纏繞葉片與果實的鐵絲，製作為花莖。（參考P.25 Tech10）

4 將葉片與果實捆綁在一起，使用繡線【深綠色[1]】纏繞鐵絲並處理尾端。（參考P.25 Tech11）

✿✿✿✿✿
32.野玫瑰

作品頁數：P.40、50
完成尺寸：寬9×長12cm

材料

〈25號繡線〉
深桃色（152）
桃色（224）
淺桃色（225）
黃綠色（166）
綠色（580）

〈不織布〉
桃色（102）6cm 方形
　…1片《花瓣》
綠色（450）
　4×3cm…11 張《葉片》
　3cm 方形…1 張《花萼》

〈鐵絲〉
#21（DG）18cm…5 支《果實》
#26（DG）36cm…1 支《花蕊》
#28（DG）36cm…11 支《葉片》

〈其他〉
珍珠花蕊（原色中）…適量《花蕊內側》
珍珠花蕊（玫色）…適量《花蕊外側》
樹脂黏土（白色）…適量《果實》
油畫顏料
　（crimson lake、permant orange、
　paermant yellow light）…適量《果實》
壓克力顏料
　（burnt umber、black）…適量《果實前端》
　（yellow）…適量《花蕊》
水性壓克力顏料亮光漆（厚塗具光澤款）
　…適量《果實》

作法

*不織布裁法請參考P.107

1 製作一片花瓣。（參考P.17 Tech1）
2 將珍珠花蕊上色，
　綁起來作成兩層結構的一支花蕊。
　（參考P.51 Tech25、下圖）
3 製作一支附花萼及鐵絲的花蕊。
　（參考下圖）
4 製作11支附鐵絲的葉片。
　（參考P.31 Tech15）
5 將三支附鐵絲的葉片捆綁在一起，以繡線【綠色
　[1]】纏繞鐵絲，製作兩支有葉莖的三片葉。（參考
　P.25 Tech10、11、P.95）
6 將五支附鐵絲的葉片捆綁在一起，以繡線【綠色
　[1]】纏繞鐵絲，製作一支有葉莖的五片葉。（參考
　P.25 Tech10、11、P.95）
7 製作五支附鐵絲的果實。
　（參考P.42 Tech20、P.43 Tech21）
8 8使用繡線【綠色[1]】纏繞花朵及果實的鐵絲，製
　作為花莖。（參考P.25 Tech10）
9 將花朵、葉片與果實捆綁在一起，使用繡線【綠色
　[1]】纏繞鐵絲並處理尾端。（參考P.25 Tech11）

5.5cm

2.5cm

製作兩層結構的花蕊

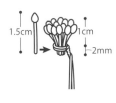

1.5cm　1cm　2mm

製作附花萼及鐵絲的花朵

在花瓣中心由正面以錐子打洞，
將花蕊的鐵絲穿過。

在花蕊的底部塗上黏膠，貼到花瓣
上，以珠針固定後，待其乾燥。

黏膠

在花萼中心以錐子打個洞，將花
蕊的鐵絲穿過去。塗上黏膠，將花
瓣黏在花瓣背後。

原寸紙型

*紙型的使用方法請參考 P.3
*[　]內為繡線股數
*紙型內的線條為刺繡針腳方向

不織布：花萼·1片·綠色

●0.8cm

黏土 1.3cm

果實尺寸約略大小

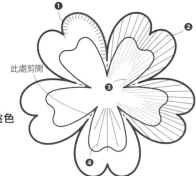

此處剪開

不織布：花瓣·1片·桃色
❶深桃色　毛邊繡[2]
❷深桃色　緞面繡[3]
❸桃色　緞面繡[2]
❹淺桃色　直線繡[1]

不織布：葉片·11片·綠色
❶黃綠色　毛邊繡[2]
❷#28鐵絲（DG）
❸黃綠色　緞面繡[3]
❹綠色　直線繡[1]

✿✿✿✿✿

35.瑪格麗特

作品頁數：P.41
完成尺寸：寬7×長17cm

材料

〈25 號繡線〉
原色（ECRU）
米色（822）
灰色（644）
黃綠色（471）
綠色（470）

〈不織布〉
白色（701）8cm 方形…1 張《花瓣》
綠色（442）7×6cm…2 張《葉片》

〈鐵絲〉
#21（DG）18cm…1 支《花蕊》
#24（DG）36cm…2 支《葉片》

〈其他〉
樹脂黏土（白色）…適量《花蕊》
油畫顏料（permant yellow light、
　burnt siennna）…適量《花蕊》
水性壓克力顏料亮光漆
　（厚塗具光澤款）…適量《花蕊》

作法
＊不織布裁法請參考P.107
1 製作兩支附鐵絲的葉片。
　（參考P.31 Tech15）
2 製作一支花蕊。
　（參考P.42 Tech20、P.43 Tech21）
3 製作一片花瓣。（參考P.17 Tech1）
4 製作一支附鐵絲的花朵。（參考下圖）
5 使用繡線【綠色[1]】纏繞花朵與葉片的鐵絲，
　製作為花莖。（參考P.25 Tech10）
6 將花朵與葉片捆綁在一起，使用繡線【綠色[1]】纏繞
　鐵絲並處理尾端。（參考P.25 Tech1、下圖）

製作附鐵絲的花朵

在花瓣中心由正面以錐子打個洞，
將花蕊的鐵絲穿過，於花蕊背面塗
上黏膠。

從花瓣背面以指尖將花瓣調整出
適當形狀貼上。

將花朵與葉片捆綁在一起

將花朵與葉片捆綁在一起，使
用繡線【綠色[1]】纏繞鐵絲。

原寸紙型
＊紙型的使用方法請參考 P.3
＊[　]內為繡線股數
＊紙型內的線條為刺繡針腳方向

此處剪開

不織布：花瓣·1片·白色
❶原色　毛邊繡[2]
❷原色　緞面繡[3]
❸米色　緞面繡[2]
❹灰色　直線繡[1]

不織布：葉片·2片·綠色
❶黃綠色　毛邊繡[2]
❷#24鐵絲（DG）
❸黃綠色　緞面繡[3]
❹綠色　直線繡[2]

黏土

花蕊尺寸
約略大小

12cm

7cm

6cm

37. 山防風

✿✿✿❀❀

作品頁數：P.4、44
完成尺寸：寬6×長18cm

材料

〈25號繡線〉
紫色（333）
綠色（3363）
深綠色（3362）

〈不織布〉
綠色（444）7×4cm…3張《葉片》

〈鐵絲〉
#26（DG）36cm…6支《花＋葉》

〈其他〉
棉線…適量《花瓣》

作法

＊紙型P.94
＊不織布裁法請參考P.107

1 製作三支附鐵絲的葉片。（參考P.31 Tech15）
2 製作三支附鐵絲的花瓣。
　（參考P.45 Tech22、下圖）
3 使用繡線【深綠色[1]】纏繞花朵與葉片的鐵絲，
　製作為花莖。（參考P.25 Tec h10）
4 將花朵與葉片捆綁在一起，使用繡線【深綠色[1]】
　纏繞鐵絲並處理尾端。（參考P.25 Tech11、下圖）

製作附鐵絲的花瓣

使用毛線球製作工具（25mm），
將繡線【紫色[6]】上下纏繞各40
次（共計80次），製作花瓣。將對
折的#26鐵絲（DG）勾在中間。

將花朵與葉片捆綁在一起

使用繡線【深綠色[1]】
纏繞花朵的鐵絲，並將
鐵絲捆綁在一起。

將花朵與葉片捆綁在一
起，使用繡線【深綠色
[1]】纏繞鐵絲。

39. 法絨花

✿✿✿❀❀

作品頁數：P.44
完成尺寸：寬8×長15cm

7.5cm

5cm

材料

〈25號繡線〉
淺奶油色（746）
黃綠色（472）
綠色（471）
深綠色（470）

〈不織布〉
白色（701）8cm方形…2片《花瓣》
綠色（450）9×6cm…2張《葉片》

〈鐵絲〉
#24（DG）36cm…1支《花蕊》
#26（DG）36cm…2支《葉片》

〈其他〉
棉線…適量《花蕊》

作法

＊紙型P.94
＊不織布裁法請參考.107

1 製作兩支附鐵絲的葉片。（參考P.31 Tech15）
2 製作一支附鐵絲的花蕊。（參考P.45 Tech22、下圖）
3 製作兩片花瓣。（參考P.17 Tech1）
4 製作一支附鐵絲的花朵。（參考下圖）
5 使用繡線【深綠色[1]】纏繞花朵與葉片的鐵絲，製作為花莖。（參考P.25 Tech10）
6 將花朵與葉片捆綁在一起，使用繡線【深綠色[1]】纏繞鐵絲並處理尾端。
　（參考P.25 Tech11、下圖）

製作附鐵絲的花蕊

使用毛線球製作工具（20mm），將
繡線【黃綠色[6]】上下纏繞各30次
（共計60次），製作花瓣。將對折的
#24鐵絲（DG）勾在中間。

製作附鐵絲的花朵

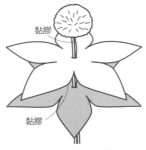

黏膠

黏膠

在花瓣中心由正面以錐子打個洞，
將花蕊的鐵絲穿過。於花蕊背面塗
上黏膠後貼好花瓣。

將第一片花瓣背面塗上黏膠，將
另一片花瓣穿進鐵絲後，與第一
片的位置錯開黏貼。

將花朵與葉片捆綁在一起

將花朵與葉片捆綁在一起，使用
繡線【深綠色[1]】纏繞鐵絲。

原寸紙型

*紙型的使用方法請參考 P.3
*〈 〉內為 B 色作品；[ ] 內為繡線股數
*紙型內的線條為刺繡針腳方向

39.法絨花

此處剪開

不織布：花瓣・2片・白色

❶淺奶油色　毛邊繡 [2]
❷淺奶油色　緞面繡 [2]
❸淺奶油色　緞面繡 [2]
❹深綠色　直線繡 [1]
❺綠色　直線繡 [1]

不織布：葉片・2片・綠色

❶綠色　毛邊繡 [2]
❷#26 鐵絲 (DG)
❸綠色　緞面繡 [3]
❹深綠色　緞面繡 [2]

37.山防風

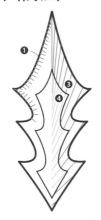

不織布：葉片・3片・綠色

❶綠色　毛邊繡 [2]
❷#26 鐵絲 (DG)
❸綠色　緞面繡 [3]
❹深綠色　緞面繡 [2]

40.玫瑰

不織布：花瓣・1片・桃色〈白色〉

❶淺桃色〈原色〉　毛邊繡 [2]
❷#24 鐵絲 (白色)
❸淺桃色〈原色〉　緞面繡 [3]
❹桃色〈灰色〉　緞面繡 [2]
❺深桃色〈深灰色〉　緞面繡 [2]

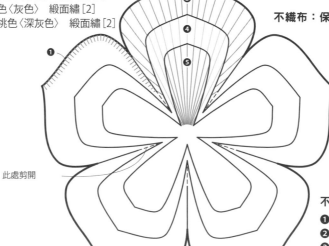

此處剪開

不織布：保護用・1片・桃色〈白色〉

不織布：葉片・8片・綠色

❶綠色　毛邊繡 [2]
❷#24 鐵絲 (DG)
❸綠色　緞面繡 [3]
❹深綠色　緞面繡 [2]

✿✿✿✿✿

40. 玫瑰

作品頁數：P.44
完成尺寸：寬6×長6cm（花朵）・寬8×長16cm（附葉片及花莖）

A色（粉紅色）
B色（白色）

8cm

8cm

材料

A色
〈25 號繡線〉
淺桃色（602）
桃色（601）
深桃色（600）
黃色（783）
〈不織布〉
桃色（126）
　10cm 方形…1 張《花瓣》
　3cm 方形…1 張《保護用》
〈鐵絲〉
#24
　（DG）36cm…1 支《花蕊》
　（白色）36cm…2 支《花瓣》
〈其他〉
棉線…適量《花蕊》

B色
〈25 號繡線〉
原色（ECRU）
灰色（822）
深灰色（644）
黃色（726）
〈不織布〉
白色（701）
　10cm 方形…1 張《花瓣》
　3cm 方形…1 張《保護用》
〈鐵絲〉
#24
　（DG）36cm…1 支《花蕊》
　（白色）36cm…2 支《花瓣》
〈其他〉
棉線…適量《花蕊》

葉片（相同）
〈25 號繡線〉
綠色（909）
深綠色（3818）
〈不織布〉
綠色（440）
　5×3cm…8 張《葉片》
〈鐵絲〉
#24（DG）
　36cm…8 支《葉片》

作法

＊紙型P.94
＊不織布裁法請參考P.107

1 製作一片附鐵絲的花瓣。
　（參考P.23 Tech5）

2 製作一支附鐵絲的花蕊。
　（參考P.45 Tech22、下圖）

3 製作一個花朵。（參考P.49 Tech24、下圖）

4 製作八支附鐵絲的葉片。（參考P.31 Tech15）

5 將三支附鐵絲的葉片綁在一起，製成一支三片
　的葉片。（參考P.25 Tech10、11、下圖）

6 將五支附鐵絲的葉片綁在一起，製成一支五片
　的葉片。（參考P.25 Tech10、11、下圖）

7 將三片葉及五片葉捆綁在一起，使用繡線【深
　綠色[1]】纏繞鐵絲並製成一支附葉莖的葉片
　（參考P.25 Tech10），並處理尾端。（參考
　P.25 Tech11、下圖）

8 將花朵貼在附葉莖的葉片上。

製作花蕊

使用毛線球製作工具（35mm），將繡
線【黃色[6]】上下纏繞各30次（共計
60次），製作為花蕊。將對折的＃24
鐵絲（DG）勾在中間。

製作花朵

黏膠

在花瓣中心由正面以錐子打個
洞，將花蕊的鐵絲穿過去。於花
蕊背面塗上黏膠、黏合花瓣。

以指尖調整花瓣形狀，黏貼
上去。

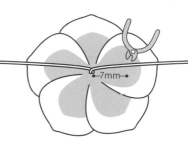

7mm

將花瓣翻至背面，把花蕊的鐵絲
左右交錯後展開，留下7mm後剪
斷。

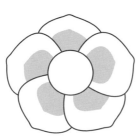

將保護用不織布塗上黏膠，
貼合在花朵背面。

**製作附葉莖的
三片葉子及五片葉子**

將三支附鐵絲的葉片綁在一
起，使用繡線【深綠色[1]】
纏繞鐵絲，製成三片葉子。

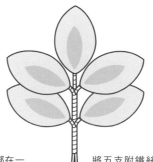

將五支附鐵絲的葉片綁在一
起，使用繡線【深綠色[1]】纏
繞鐵絲，製成五片葉子。

95

✿✿✿✿✿

41.櫻花

作品頁數：P.6、47、59
完成尺寸：寬7×長10cm

材料

〈25 號繡線〉
淺桃色（948）
桃色（754）
深桃色（3778）
棕色（3830）
綠色（732）
深綠色（730）
黃綠色（734）
焦茶色（938）

〈不織布〉
桃色（301）
　6cm 方形…3 張《花瓣》
　5cm 方形…2 張《花苞花瓣》
綠色（442）
　6×4cm…3 張《葉片》
　3cm 方形…3 張《花萼》

〈鐵絲〉
#26（DG）36cm…6 支《花蕊＋葉片》
#30（DG）36cm…4 支《花苞》

〈珠子〉
木珠
　（N 小／原色）…2 個《花苞》
　（R 小／原色）…2 個《花苞》
大圓珠（No191／消光桃色）…2 個《花苞》

〈其他〉
珍珠花蕊（原色中）…適量《花蕊》
壓克力顏料（yellow）…適量《花蕊》

作法

＊紙型P.97
＊不織布裁法請參考P.107

1 製作三片花瓣。（參考P.17 Tech1）
2 將珍珠花蕊上色後，綁起來作成一支花蕊。
　（參考P.49 Tech23）
3 製作三支附花萼及鐵絲的花朵。
　（參考P.51 Tech26、下圖）
4 製作三支附鐵絲的葉片。
　（參考P.31 Tech15）
5 製作兩支花苞的花萼a及兩個花萼b。
　（參考P.61 Tech32、P.23 Tech6、下圖）
6 製作兩片花苞用花瓣。（參考P.17 Tech1）
7 製作兩支附花萼及鐵絲的花苞。
　（參考P.24 Tech7、9、P.61 Tech32、下圖）
8 使用繡線【深綠色[1]】纏繞花朵、葉片與花苞的鐵絲，
　製作作為花莖。（參考P.25 Tech10）
9 將花朵、葉片與花苞捆綁在一起，使用繡線【深綠色
　[1]】纏繞鐵絲並處理尾端。（參考P.25 Tech11、下圖）

6cm

4cm

製作附花萼與鐵絲的花朵

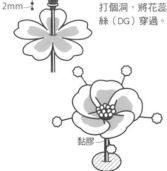

1cm
2mm

在花瓣中心由正面以錐子打個洞，將花蕊的＃26鐵絲（DG）穿過。

黏膠

在花蕊底部塗上黏膠，貼在花瓣上，以珠針固定後，待其乾燥。在花萼中心以錐子打個洞，穿進花蕊的鐵絲中。將花萼塗上黏膠後，黏貼在花瓣背面。

製作花苞的花萼a與b

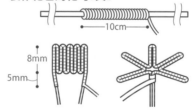

10cm

8mm
5mm

使用繡線【棕色[1]】纏繞在鐵絲＃30（DG）上約10cm，每8mm即彎折。打開彎折的鐵絲，將其兩兩以繡線【棕色[1]】纏繞2至3次，製作為花蕊a。請勿剪斷線。

使用繡線【綠色[1]】纏繞在木珠（N小）上，製作為花萼b。

製作附花萼與鐵絲的花苞

將＃30鐵絲（DG）穿進大圓珠（消光桃色）後扭起。穿過木珠（R小）之後，以黏膠貼合固定。

在花苞用花瓣中心由背面以錐子打個洞，將花苞用的花蕊鐵絲穿過。在花苞用花瓣塗上黏膠，貼在木珠上。

黏膠

將花苞的鐵絲穿過花萼a。

花萼a
黏膠
花萼b

將花萼a沿著花苞的形狀調整好，將留下的繡線【棕色[1]】線頭繼續纏繞在鐵絲上。

將花苞的鐵絲穿過花萼b後，以黏膠貼合在花萼a上。剪掉多餘繡線。

將花朵、葉片與花苞捆綁在一起

將花朵、花苞與葉片綁在一起，使用繡線【焦茶色[1]】纏繞鐵絲。

原寸紙型

＊紙型的使用方法請參考 P.3
＊[　]內為繡線股數
＊紙型內的線條為刺繡針腳方向

41.櫻花

  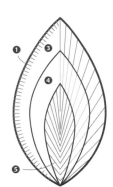 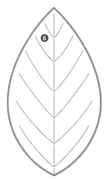

不織布：花瓣·3片·桃色

❶淺桃色　毛邊繡 [2]
❷淺桃色　緞面繡 [3]
❸桃色　緞面繡 [2]
❹深桃色　直線繡 [1]

不織布：花苞用花瓣·2片·桃色

❶桃色　毛邊繡 [2]
❷桃色　緞面繡 [2]
❸深桃色　直線繡 [1]

不織布：葉片·3片·綠色

❶綠色　毛邊繡 [2]
❷#26 鐵絲 (DG)
❸綠色　緞面繡 [3]
❹深綠色　緞面繡 [2]
❺深綠色　緞面繡 [2]
❻黃綠色　飛行繡 [[1]

不織布：花萼·3片·綠色

43.聖誕玫瑰

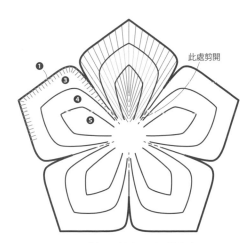 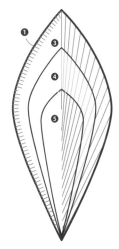 

此處剪開

不織布：花弁·3片·黃綠色

❶淺黃綠色　毛邊繡 [2]
❷#24 鐵絲 (白色)
❸淺黃綠色　緞面繡 [3]
❹黃綠色　緞面繡 [2]
❺淺綠色　直線繡 [2]

不織布：葉片·3片·綠色

❶淺綠色　毛邊繡 [2]
❷#24 鐵絲 (DG)
❸淺綠色　緞面繡 [3]
❹綠色　緞面繡 [2]
❺深綠色　緞面繡 [2]

不織布：花萼·3片·綠色

🌸🌸🌸🌸🌸
43.聖誕玫瑰

作品頁數：P.50
完成尺寸：寬8×長13cm

材料

〈25號繡線〉
淡黃綠色（772）
黃綠色（3348）
淺綠色（3347）
綠色（3346）
深綠色（3345）

〈不織布〉
黃綠色（405）8cm方形
…3片《花瓣》
綠色（444）
　8×5cm…3張《葉片》
　4cm方形…3張《花萼》

〈鐵絲〉
#24
　（DG）36cm…3支《葉片》
　（白色）36cm…3支《花瓣》
#26（白色）36cm…3支《花蕊》

〈其他〉
珍珠花蕊（原色小）…適量《花蕊內側》
珍珠花蕊（玫瑰）…適量《花蕊外側》
壓克力顏料（yellow）…適量《花蕊》

作法

＊紙型P.97
＊不織布裁法請參考P.107

1 製作三片加了鐵絲的花瓣。（參考P.23 Tech5）

2 製作三支兩層結構的花蕊。（P.51 Tech25、下圖）

3 製作三支附花萼及鐵絲的花朵。（參考下圖）

4 製作三支附鐵絲的葉片。（參考P.31 Tech1）

5 使用繡線【深綠色[1]】纏繞花朵與葉片的鐵絲，製作為花莖。（參考P.25 Tech10）

6 將花朵與葉片捆綁在一起，使用繡線【深綠色[1]】纏繞鐵絲並處理尾端。（參考P.25 Tech11、下圖）

製作兩層結構的花蕊

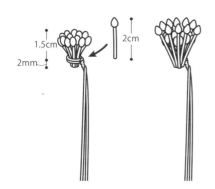

將上好色的珍珠花蕊（原色小）以鐵絲綁好，塗上黏膠，把珍珠花蕊（玫瑰）黏在周圍。

製作附花萼及鐵絲的花朵

黏膠

調整花瓣的形狀，由中心自正面以錐子打個洞，將花蕊的鐵絲穿過。

在花蕊底部塗上黏膠，貼在花瓣上。

將花朵與葉片捆綁在一起

將花朵與葉片捆綁在一起，使用繡線【深綠色[1]】纏繞鐵絲。

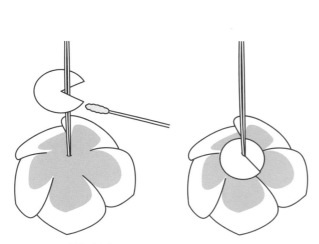

在花萼塗上黏膠，以夾住鐵絲的方式貼在花瓣背後。

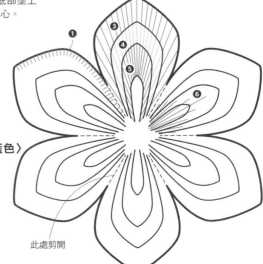

A色（紫色）
B色（藍色）

44. 銀蓮花

✿✿✿✿✿

作品頁數：P.50
完成尺寸：寬5×長5cm

材料

A 色

〈25 號繡線〉
淺紫色（3835）
紫色（3834）
深紫色（154）
薄紫色（3836）
藍色（823）

〈不織布〉
紫色（680）
　9cm 方形…1 片《花瓣》
　4cm 方形…1 片《保護用》

〈鐵絲〉
#24（白色）36cm…2 支《花瓣》
#26（白色）36cm…1 支《雄蕊》

〈其他〉
毛球（深藍色）直徑 8mm…1 個《雌蕊》
珍珠花蕊（玫瑰）…適量《雄蕊》
壓克力顏料（royal blue、black、red）
　…適量《雄蕊》

B 色

〈25 號繡線〉
淺藍色（3839）
藍色（3838）
深藍色（3807）
水色（3840）
紫色（211）

〈不織布〉
藍色（553）
　9cm 方形…1 張《花瓣》
　4cm 方形…1 張《保護用》

〈鐵絲〉
#24（白色）36cm…2 支《花瓣》
#26（白色）36cm…1 支《雄蕊》

〈其他〉
毛球（紫色）直徑 8mm…1 個《雌蕊》
珍珠花蕊（玫瑰）…適量《雄蕊》
壓克力顏料（plum、burnt umber）
　…適量《雄蕊》

作法

＊不織布裁法請參考P.107

1　製作一片加了鐵絲的花瓣。（參考P.23 Tech5）
2　將珍珠花蕊上色後，綁起來作成一支雄蕊。
　（參考P.49 Tech23、下圖）
3　將指定顏色的繡線貼在毛球上，作成一個雌蕊。
　（參考P.53 Tech27、下圖）
4　製作花朵。（參考P.49 Tech24、下圖）

製作雌蕊
將剪成碎屑狀的繡線【藍色[6]】黏貼在毛球上。B色作品使用繡線【紫色[6]】。

製作雄蕊

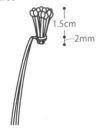

1.5cm
2mm

將上好色的珍珠花蕊以鐵絲綁好，塗上黏膠，製作為雄蕊。

將保護用不織布塗好黏膠，貼在花朵背面。

製作花朵

黏膠

在花瓣中心由正面以錐子打個洞，將雄蕊的鐵絲穿過。於雄蕊底部塗上黏膠，貼在花瓣上。

黏膠

將雄蕊展開，把雌蕊底部塗上黏膠後，貼在雄蕊的中心。

7mm

將花瓣翻至背面，把花蕊的鐵絲左右交錯後展開，留下7mm後剪斷。

原寸紙型
＊紙型的使用方法請參考 P.3
＊〈 〉內為 B 色作品；[ ]內為繡線股數
＊紙型內的線條為刺繡針腳方向

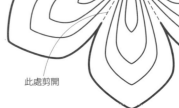

不織布：保護用·1片·紫色〈藍色〉

不織布：花瓣·1片·紫色〈藍色〉

❶淺紫色〈淺藍色〉　毛邊繡[2]
❷#24鐵絲（白色）
❸淺紫色〈淺藍色〉　緞面繡[3]
❹紫色〈藍色〉　緞面繡[2]
❺深藍色〈深藍色〉　緞面繡[2]
❻薄紫色〈水色〉　直線繡[1]

此處剪開

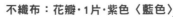

99

45.白晶菊

作品頁數：P.52
完成尺寸：寬5×長12cm

材料

〈25號繡線〉
白色（3865）
黃綠色（3348）
黃色（3821）
綠色（3346）
深綠色（3345）

〈不織布〉
白色（701）6cm 方形…2 張《花瓣》
綠色（444）7×4cm…2 張《葉片》

〈鐵絲〉
#24（DG）…4 支《花蕊＋葉片》

〈其他〉
毛球（黃色）直徑 8mm…2 個《花蕊》

作法

＊不織布裁法請參考P.107

1 製作兩片花瓣。（參考P.17 Tech1）
2 製作兩支花蕊。（參考P.53 Tech27、下圖）
3 製作兩支附鐵絲的花朵。（參考下圖）
4 製作兩支附鐵絲的葉片。（參考P.31 Tech15）
5 使用繡線【深綠色[1]】纏繞花朵與葉片的鐵絲，製作為花莖。（參考P.25 Tech10）
6 將花朵與葉片捆綁在一起，使用繡線【深綠色[1]】纏繞鐵絲並處理尾端。（參考P.25 Tech11）

2.5cm

4.5cm

製作花蕊

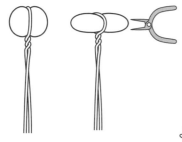

將對折的 #24鐵絲（DG）勾在毛球中央，底部扭轉2至3次。將毛球壓扁。

將繡線【黃色[6]】剪碎後黏在毛球上。

製作附鐵絲的花朵

黏膠

在花瓣中心由正面以錐子打個洞，將花蕊的鐵絲穿過去。於花蕊背面塗上黏膠後，黏在花瓣上。

以指尖調整出花瓣形狀並黏在花蕊上。

原寸紙型

＊紙型的使用方法請參考 P.3
＊[ ]內為繡線股數
＊紙型內的線條為刺繡針腳方向

① ② ③

此處剪開

不織布：花瓣·2片·白色
①白色　毛邊繡[2]
②白色　緞面繡[2]
③黃綠色　直線繡[1]

① ③
④

不織布：葉片·2片·綠色
①綠色　毛邊繡[2]
②#24鐵絲（DG）
③綠色　緞面繡[3]
④深綠色　緞面繡[2]

47.野春菊

✿✿✿✿✿

A色（藍色）
B色（粉紅色）

8cm

6cm

作品頁數：P.52
完成尺寸：寬 7× 長 16cm（A 色）・寬 4× 長 15cm（B 色）

材料

A 色

〈25 號繡線〉
藍色（826）
深藍色（825）
綠色（703）
深綠色（702）

〈不織布〉
藍色（553）6cm 方形…1 片《花瓣》
綠色（443）
　7×4cm…3 張《葉片》
　3cm 方形…1 片《花萼》

〈鐵絲〉
#24（DG）…4 支《花朵＋葉片》

〈其他〉
毛球（黃色）直徑 8mm…1 個《花蕊》

B 色

〈25 號繡線〉
桃色（3706）
深桃色（3705）
綠色（906）
深綠色（905）

〈不織布〉
桃色（105）6cm 方形…1 片《花瓣》
綠色（443）
　7×4cm…1 張《葉片》
　3cm 方形…1 張《花萼》

〈鐵絲〉
#24（DG）…2 支《花朵＋葉片》

〈其他〉
毛球（黃色）直徑 8mm…1 個《花蕊》

作法

＊不織布裁法請參考P.107

1 製作一片花瓣（參考 P.17 Tech1）

2 製作一支附花萼及鐵絲的花朵。
（參考 P.30 Tech14、下圖）

3 製作三支附鐵絲的A色葉片；B色則製作一支葉片。
（參考 P.31 Tech15）

4 使用繡線【深綠色[1]】纏繞花朵與葉片的鐵絲，製作為花莖。（參考 P.25 Tech10）

5 將花朵與葉片捆綁在一起，使用繡線【深綠色[1]】纏繞鐵絲並處理尾端。（參考 P.25 Tech11、下圖）

製作附花萼及鐵絲的花朵

將黏膠塗在毛球上，把毛球貼在花瓣中央。

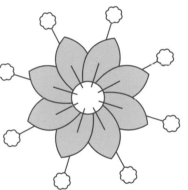

以珠針從花瓣背面將花朵固定為立體形狀。

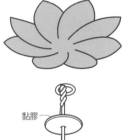

黏膠

在花萼中心以錐子打個洞，參考 P.30 Tech14，將中央作好圓圈的鐵絲穿過去，以黏膠黏貼在花萼上。將黏膠塗在花萼上，把花萼貼在花瓣背面。

將花朵與葉片捆綁在一起

將花朵與葉片捆綁在一起，以繡線【深綠色[1]】纏繞鐵絲。

原寸紙型

＊紙型的使用方法請參考 P.3
＊〈 〉內為 B 色作品；[ ] 內為繡線股數
＊紙型內的線條為刺繡針腳方向

❶
❷
❸

此處剪開

不織布：花瓣・1片・藍色〈桃色〉
❶藍色〈桃色〉　毛邊繡[2]
❷藍色〈桃色〉　緞面繡[2]
❸深藍色〈深桃色〉　直線繡[[1]

❶
❸
❹

不織布：花萼・1枚・綠色〈綠色〉

不織布：葉片・3片〈1片〉・綠色〈綠色〉
❶綠色〈綠色〉　毛邊繡[2]
❷#24鐵絲(DG)
❸綠色〈綠色〉　緞面繡[3]
❹深綠色〈深綠色〉　緞面繡[2]

101

51.紅醋栗

作品頁數：P.59
完成尺寸：寬5×長8cm

5.5cm
1cm
4cm

材料

〈25號繡線〉

淺綠色（906）

綠色（905）

深綠色（904）

棕色（801）

〈不織布〉

綠色（443）7×8cm…1張《葉片》

〈鐵絲〉

#24（DG）36cm…18支《果實＋葉片》

〈珠子〉

手工藝品珠（α-5131-4／紅色）…17個《果實》

作法

＊不織布裁法請參考P.107

1 製作一支附鐵絲的葉片。（參考P.31 Tech15）

2 使用繡線【棕色[1]】纏繞葉片的鐵絲，製作為葉莖。（參考P.25 Tech10）

3 製作17支附鐵絲的果實。（參考P.64 Tech35、下圖）

4 使用繡線【深綠色[1]】纏繞果實的鐵絲，製作為花莖。（參考P.25 Tech10、下圖）

5 將果實綁在一起，使用繡線【深綠色[1]】纏繞鐵絲。（參考P.25 Tech11、下圖）

6 將果實與葉片捆綁在一起，使用繡線【棕色[1]】纏繞鐵絲並處理尾端。
（參考P.25 Tech11、下圖）

製作附葉莖的葉片

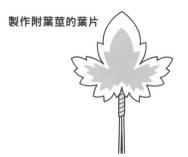

製作附鐵絲的葉片，以繡線【棕色[1]】纏繞葉片的鐵絲，製作為葉莖。

製作附鐵絲的果實

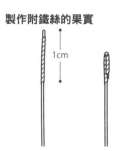

1cm

黏膠

將手工藝品珠穿過，於彎折的鐵絲前端塗上黏膠，將珠子貼上。共作17個。

將#24鐵絲（DG）前端以繡線【棕色[1]】纏繞1cm，並將前端對折。

製作果實的花莖

使用繡線【深綠色[1]】纏繞鐵絲，製作為花莖。

捆綁果實

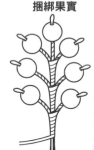

將7支果實綁在一起，並以繡線【深綠色[1]】纏繞鐵絲，製作2支這樣的果實。另外將三支果實綁在一起作成一支。

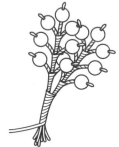

將綁好的三束果實再綁在一起，並以繡線【深綠色[1]】纏繞鐵絲。

將果實與葉片捆綁在一起

將果實與葉片捆綁在一起，使用繡線【棕色[1]】纏繞鐵絲。

原寸紙型

＊紙型的使用方法請參考 P.3

＊[ ]內為繡線股數

＊紙型內的線條為刺繡針腳方向

不織布：葉片‧1片‧綠色

❶淺綠色　毛邊繡[2]

❷#24鐵絲（DG）

❸淺綠色　緞面繡[3]

❹綠色　緞面繡[2]

❺深綠色　緞面繡[2]

❻深綠色　緞面繡[2]

✿✿✿✿✿
53.繡球花

作品頁數：P.7、62
完成尺寸：寬6×長14cm

材料

〈25 號繡線〉

水色（807）《花瓣 A 色》
深水色（3809）《花瓣 A 色》
藍色（794）《花瓣 B 色》
深藍色（793）《花瓣 B 色》
淺綠色（733）
綠色（732）
深綠色（730）
黃綠色（165）

〈不織布〉

水色（554）4cm 方形…7 片《花瓣 A 色》
藍色（553）4cm 方形…7 片《花瓣 B 色》
綠色（442）9×7cm…1 張《葉片》

〈鐵絲〉

#30（DG）36cm…14 支《花蕊》
#24（DG）36cm…1 支《葉片》

〈珠子〉

大圓珠（No21／消光白色）…14 個《花蕊》

作法

*不織布裁法請參考P.107

1 製作花瓣A色、花瓣B色各七片。
（參考P.17 Tech1）

2 製作14支花蕊。（參考下圖）

3 製作附鐵絲的花朵A色及B色各七支。
（參考下圖）

4 製作一支附鐵絲的葉片。（參考P.31 Tech15）

5 將花朵捆綁在一起，使用繡線【深綠色[1]】纏繞鐵絲，
製作為花莖。（參考P.25 Tech10、下圖）

6 使用繡線【深綠色[1]】纏繞葉片的鐵絲，製作為葉莖。
（參考P.25 Tech10）

7 將花朵與葉片捆綁在一起，使用繡線【深綠色[1]】纏繞
鐵絲並處理尾端。（參考P.25 Tech11）

9cm

製作花蕊

將＃30鐵絲（DG）穿過大圓
珠，於底部扭轉2至3次固定。

製作附鐵絲的花朵

在花瓣中心由正面以錐子打個洞，
將花蕊的鐵絲穿過。

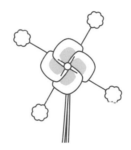

將大圓珠塗上黏膠，貼在花瓣上。以珠針
從花朵背面將花瓣固定為立體形狀，待其
乾燥。

製作附花莖的花朵

將附鐵絲的花瓣綁在一起，使
用繡線【深綠色[1]】纏繞花朵
的鐵絲，製作為花莖。

原寸紙型

*紙型的使用方法請參考 P.3
*〈 〉內為 B 色作品；[ ]內為繡線股數
*紙型內的線條為刺繡針腳方向

不織布：葉片・1片・綠色

❶淺綠色　毛邊繡[2]
❷#24鐵絲（DG）
❸淺綠色　緞面繡[3]
❹綠色　緞面繡[2]
❺深綠色　緞面繡[2]
❻深綠色　緞面繡[2]
❼黃綠色　飛行繡[1]

不織布：花瓣・各7片・水色〈藍色〉

❶水色〈藍色〉　毛邊繡[2]
❷水色〈藍色〉　緞面繡[2]
❸深水色〈深藍色〉　直線繡[1]

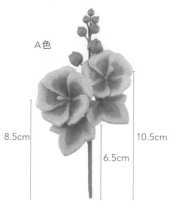

A色

8.5cm　　10.5cm　　6.5cm

★★★★★
52.蜀葵

★★☆☆☆
53.蜀葵花

作品頁數：P.8、62
完成尺寸：寬9× 長17cm（蜀葵）
　　　　　寬4× 長4cm（蜀葵花）

材料

A 色

〈25 號繡線〉
淺紫色（3747）
紫色（340）
深紫色（3746）
黃綠色（3348）
淺綠色（3347）
綠色（3346）

〈不織布〉
白色（701）
　9cm 方形…1 張《大花瓣》
　8cm 方形…1 張《小花瓣》
綠色（450）6cm 方形…2 張《葉片》
深綠色（444）5cm 方形…
　　2 片《花苞用大葉片》

〈鐵絲〉
#26
　（DG）36cm…11 支
　《花蕊＋大花苞＋中花苞＋小花苞＋葉片》
　（白色）36cm…3 支《大花瓣＋小花瓣》

〈珠子〉
大圓珠
　（No148F ／黃色）…1 個《花蕊》
　（No47 ／綠色）…2 個《大花苞》
小圓珠（No47 ／綠色）…5 個《中花苞＋小花苞》
特小珠（No148F ／黃色）…適量《花蕊》
木珠
　（R 大／原色）…4 個《大花苞＋中花苞》
　（R 小／原色）…3 個《小花苞》

作法（A色）

＊不織布裁法請參考 P.107

1 製作加了鐵絲的小花瓣和大花瓣各一片。
　（參考 P.23 Tech5）

2 製作兩支花蕊。（P.64 Tech35參考）

3 製作附了鐵絲的小花朵和大花朵各一支。
　（參考 P.64 Tech35、下圖）

4 製作三支附鐵絲的小花苞、兩枝中花苞。
　（P.23 Tech6、P.24 Tech7、下圖參考）

5 製作兩片花苞用大葉片、兩支附鐵絲的大花苞（參考 P.17 Tech1、下圖）

6 製作兩支附鐵絲的葉片。
　（參考 P.31 Tech15）

7 使用繡線【綠色[1]】纏繞花朵、葉片與花苞的鐵絲，製作為花莖。（參考 P.25 Tech10）

8 將花朵、葉片與花苞捆綁在一起，使用繡線【綠色[1]】纏繞鐵絲並處理尾端。
　（參考 P.25 Tech11、下圖）

製作附鐵絲的小花苞及中花苞

使用繡線【淺綠色[1]】纏繞木珠（R小及R大）。

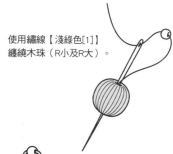

黏膠

將＃26鐵絲（DG）穿過小圓珠（綠色）後於底部扭2至3次，再將木珠（R大）穿進去。於小圓珠的底部塗上黏膠，中花苞即完成。小花苞一樣使用木珠（R小）及小圓珠（綠色）製作。

製作附鐵絲的大花苞

將＃26鐵絲（DG）穿過大圓珠（綠色）後於底部扭2至3次。

黏膠

將木珠（R大）穿進鐵絲，於大圓珠底部塗上黏膠黏好。

在花苞用大葉片中心以錐子打個洞，將鐵絲穿過。

黏膠

（背面）

將花苞用大葉片背面完整塗上黏膠，貼在木珠上。

製作附鐵絲的花朵

在大花瓣的中心從背面以錐子打個洞，將花蕊的鐵絲穿過。於大圓珠底部塗上黏膠，貼在大花瓣上，大花朵即完成。小花朵則以小花瓣製作。

將花朵、葉片與花苞捆綁在一起

將小花苞、中花苞、大花苞、小花朵、大花朵、葉片依序調整方向後捆起，使用繡線【綠色[1]】纏繞鐵絲。

材料

B 色

〈25 號繡線〉

淺棕色（3721）

棕色（221）

焦茶色（3371）

黃綠色（3348）

〈不織布〉

紅色（117）

　8cm 方形…1 張《小花瓣》

　3cm 方形…1 張《保護用》

〈鐵絲〉

#26

　（DG）36cm…1 支《花蕊》

　（白色）36cm…1 支《小花瓣》

〈珠子〉

大圓珠（No148F ／黃色）…1 個《花蕊》

特小珠（No148F ／黃色）…適量《花蕊》

C 色

〈25 號繡線〉

淺紫色（3743）

紫色（3042）

深紫色（3041）

黃綠色（3348）

〈不織布〉

白色（701）

　8cm 方形…1 張《小花瓣》

　3cm 方形…1 張《保護用》

〈鐵絲〉

#26

　（DG）36cm…1 支《花蕊》

　（白色）36cm…1 支《小花瓣》

〈珠子〉

大圓珠（No148F ／黃色）…1 個《花蕊》

特小珠（No148F ／黃色）…適量《花蕊》

B色（紅色）
C色（淺紫色）

作法（B・C色）

*不織布裁法請參考P.107

1 製作一片小花瓣。（參考P.17 Tech1）

2 製作一支花蕊。（參考P.64 Tech35）

3 製作沒有花莖的花朵。（參考P.49 Tech2、下圖）

製作沒有花莖的花朵（B色與C色）

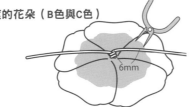

將花朵翻至背面，把花蕊的鐵絲左右交錯後展開，留下6mm後剪斷。將保護用不織布塗上黏膠，貼在花朵背面。

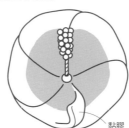

在重疊的花瓣背面塗上黏膠貼合。

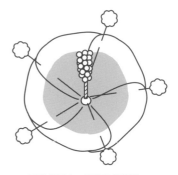

以珠針固定，待其完全乾燥。

原寸紙型

*紙型的使用方法請參考 P.3

*〈 〉內為 B 色與 C 色作品；[ ]內為繡線股數

*紙型內的線條為刺繡針腳方向

大花瓣

小花瓣

此處剪開

不織布：花苞用大葉片・2片・深綠色

❶淺綠色　毛邊繡[2]

❷淺綠色　緞面繡[2]

❸綠色　直線繡[1]

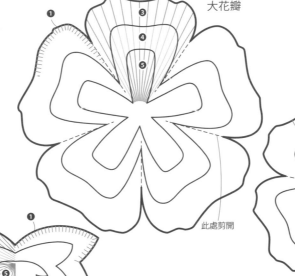

不織布：葉片・2片・綠色

❶黃綠色　毛邊繡[2]

❷#26鐵絲（DG）

❸黃綠色　緞面繡[3]

❹淺綠色　緞面繡[2]

❺綠色　直線繡[2]

不織布：保護用・1片・〈紅色・白色〉

不織布：大花瓣與小花瓣・各1片・白色〈紅色・白色〉

❶淺紫色〈淺棕色・淺紫色〉　毛邊繡[2]

❷#26鐵絲（白色）

❸淺紫色〈淺棕色・淺紫色〉　緞面繡[3]

❹紫色〈棕色・紫色〉　緞面繡[2]

❺深紫色〈焦茶色・深紫色〉　緞面繡[2]

組合

將數種花朵結合在一起
製成作品

作法

1 參考各花朵作法，作出組合須準備的零件。

2 將各零件的鐵絲都以繡線纏繞後，製作為花莖。（參考P.25 Tech10）

3 將所有花朵捆綁在一起，以繡線纏繞鐵絲，並處理尾端。（參考P.25 Tech11）

4 參考P.109，以繡線纏繞別針後，黏貼在作品背面。

春日色調別針

作品頁數：P.12、封面摺頁
完成尺寸：寬 7 ×長 14cm

亞麻花 (P.58) 的材料（一支花＋兩支花苞）

〈25號繡線〉

淺紫色(33・花瓣)／紫色(34・花瓣)／深紫色(29・花苞)／
黃綠色(12・花瓣)／奶油色(19・雄蕊)／淺桃色(23・雄蕊)／
綠色(3346・花苞)／深綠色(3345・花苞)

〈不織布〉

紅色(120・花瓣)／深綠色(444・花苞)

〈鐵絲〉

#26 (DG) 36 cm … 2支《花苞》

#30 (DG) 36 cm … 5支《雄蕊》

〈珠子〉

大圓珠(No2108／紫色)…2個《花苞》

野玫瑰 (P.91) 的材料（一支花＋九支葉片＋兩支果實）

〈25號繡線〉

深藍色(32・花瓣)／藍色(30・花瓣)／淺紫色(25・花瓣)／
黃綠色(580・葉片)／深黃綠色(730・葉片)／綠色(3346・葉片)／
深綠色(3345・葉片)

〈不織布〉

紫色(662・花瓣)／綠色(442・六片葉子)／深綠色(444・三片葉子)

〈鐵絲〉

#21 (DG) 18 cm … 2支《果實》

#26 (DG) 36 cm … 1支《花苞》

#28 (DG) 36 cm … 9支《葉片》

〈其他〉

珍珠花蕊、樹脂黏土、顏料、水性壓克力顏料亮光漆…參考 P.91

夏日色彩別針

作品頁數：封面摺頁
完成尺寸：寬 7 ×長 9cm

繡球花 (P.103) 的材料（三支花）

〈25號繡線〉

淺紫色(26・花瓣)／濃紫色(28・花瓣)

〈不織布〉

白色(701・花瓣)

〈鐵絲〉

#30 (DG) 36 cm … 3 支《花蕊》

〈珠子〉

大圓珠(No47) … 3個《花蕊》

野草莓 (P.61) 的材料（一支花＋兩支果實）

〈25號繡線〉

黃色(18・花瓣)／橘色(21・花瓣)／
深綠色(500・果實花莖)

〈不織布〉

黃色(331・花瓣)

〈鐵絲〉

#21 (DG) 18 cm … 2支《果實》

#30 (DG) 36 cm … 3 支
《花蕊＋蒂頭》

〈其他〉

珍珠花蕊、樹脂黏土、顏料、
水性壓克力顏料亮光漆…參考 P.61

波斯菊 (P.74) 的材料（大葉片五支＋一支花苞）

〈25號繡線〉

淺棕色(3830・花苞)／棕(355・
花苞)／黃綠色(12・大葉片)／
淺綠色(16・大葉片)

〈不織布〉

橘色(144・花苞用花瓣)／綠色
(450・大葉片)

〈鐵絲〉

#26 (DG) 36 cm … 6支《花苞＋大葉片》

〈珠子〉

木珠(R小／原色)…1個《花苞》
琥珀色珠子(No2152／棕色)…
1個《花苞》

冬日色調別針

作品頁數：P.11、封面摺頁
完成尺寸：寬 7 ×長 9cm

野玫瑰 (P.91) 的材料（一支花＋八支葉片）

〈25 號繡線〉

深灰色（03・花瓣）／灰色（02・花瓣）／薄灰色
(01・花瓣)／薄茶色（07・葉片）／棕色（08・葉片）

〈不織布〉

灰色（771・花瓣）／棕色（235・葉片）

〈鐵絲〉

#26 (DG) 36cm … 1 支《花蕊》

#28 (DG) 36cm … 8 支《葉片》

〈其他〉

珍珠花蕊、顏料…參考 P.91

槲寄生 (P.90) 的材料（兩支果實）

〈25 號繡線〉

棕色（08・花莖）

〈鐵絲〉

24（DG）18cm…2 支《果實》

〈其他〉

樹脂黏土、顏料、水性壓克力顏料亮光漆…參考 P.90

基本技巧

紙型作法（裁剪不織布）

1

在開始刺繡之前，請先準備好紙型。在圖案上覆蓋較厚的描圖紙。

2

以筆描繪圖案。

3

沿著圖案外側剪下，紙型完成。

4

將紙型放在不織布上，以粉土筆描出輪廓。

5

沿著粉土筆輪廓的內側，以剪刀剪下不織布。

6

完成。以粉土筆描繪的那面為背面。

開始刺繡

1

將刺繡步驟❶的繡線穿過針後，稍微挑起不織布。請勿在不織布正面留下針腳。

2

拉緊線，將針再次挑起不織布同一處（代替打結）。

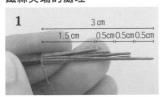

3

將針穿出正面，開始刺繡。

刺繡結束

1

在刺繡結束時，稍微挑起不織布。請勿在不織布正面留下針腳。

2

拉緊線，將針再次挑起不織布同一處（代替打結）。

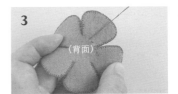

3

拉緊線後剪斷。

鐵絲尖端的處理

1

繞到快結束時，將鐵絲間隔剪為漸層式長度。

2

塗上黏膠，將繡線纏繞到尾端。

3

在鐵絲的★位置以尖嘴鉗彎折。

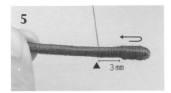

4

依照箭頭（→）方向繼續纏繞繡線。

5

捲到尾端之後，依照箭頭（←）方向纏繞至▲位置為止。

6

繞完之後，在線上塗黏膠，貼在鐵絲上並剪斷。

7

以尖嘴鉗調整鐵絲方向。

基本針法
本書運用的繡法

1.毛邊繡

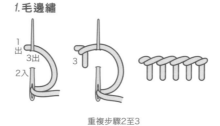

重複步驟2至3

2.緞面繡

3.直線繡

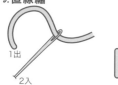

4.回針繡

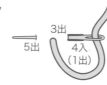

5.法國結粒繡

將線纏繞指定次數
同時記得針頭朝上

6.捲線繡

將線纏繞指定次數，
以手指壓著線
將針抽出

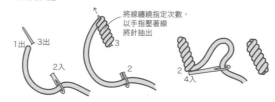

7.飛行繡

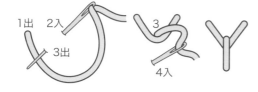

8.裂線繡

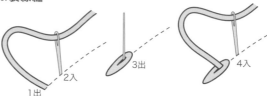

9.雛菊繡

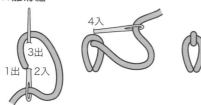

★ **收攏線的方法**

只要學會此作法，便能繡出具
有輕盈感的作品。

1

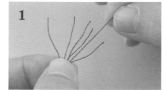

從六股纏繞在一起的繡線拉出一條。

2

壓著繡線底部，將需要的股數一條條
拉出來。

3

將需要的股數拉出來的樣子。

4

將需要使用的股數對齊。

5

穿針。

製作飾品的方法

固定飾品零件
為其製作底座

項鍊連接處的作法

1

在鐵絲尖端以不明顯的顏色（例如與花莖同色）繡線[1]纏繞4cm左右。

2

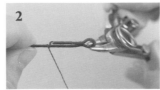

以鉗子將纏了繡線的鐵絲折出一個圓圈。

3

將兩條鐵絲塗上薄薄一層黏膠，纏繞繡線。

4

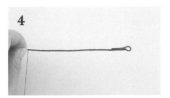

配合作品長度繼續纏繞繡線。請勿將線剪斷。

5

以鉗子作出一個圓圈。

6

將鐵絲兩端接合，以斜口鉗剪斷多餘鐵絲。

7

在兩支鐵絲上塗上黏膠，以步驟4中沒剪斷的繡線，從一端纏繞到另一端。

8

完成。

9

貼在花莖上，兩端的圓圈以O圈連結鍊條。

運用此方法亦能作出包包吊飾或頸圈。

別針的固定方式

1

塗上黏膠

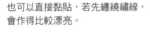

也可以直接黏貼，若先纏繞繡線，會作得比較漂亮。

2

使用不明顯的顏色（例如與花莖同色）繡線[1]纏繞零件。

3

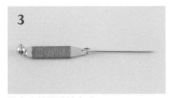

將底座整體纏繞完成。

4

貼在花莖上，即製成別針。

附底座的飾品零件黏貼方式

1

將手工藝品用黏膠（金屬用）塗抹在底盤上，貼在花朵背面。

無花莖的花朵，可輕鬆貼在附底座別針、附底座髮飾、附底座髮夾、附底座帽夾、附底座簪子、附底座徽章等，直接作成飾品。

材料&工具

本書使用的手工藝品材料
&便利的工具

製花的材料

不織布（迷你尺寸）

25號繡線

飾品用零件

帽夾、髮飾用夾、髮夾、
簪子、帶留、別針

O圈、鍊條

運用在花蕊或果實的材料

樹脂黏土

油畫顏料、壓克力顏料

毛球

鐵絲、珍珠花蕊（原色）、
百合花蕊

圓形木珠、大圓珠、
小圓珠、樽形木珠

工具

粉土筆
（遇水即消失的記號用筆）

筆

直尺、描圖紙（較厚款）、
複寫紙

滾輪刀、剪刀

針插

繡針7至9號

斜口鉗、尖嘴鉗、圓口鉗

鑷子、小錐子、錐子

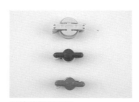

毛線球製作工具
（35mm・25mm・20mm）

人造花用黏膠（硬款、軟款）

海綿、竹籤

小木棒、黏土用板

水性亮光漆用筆

水性壓克力顏料亮光漆
（消光、厚塗具光澤款、半光澤）

其他需要物品　手工藝品用黏膠、棉線、珠針、小盤子、手工藝用棉花、紙膠帶、梳子、透明資料夾、透明膠帶等。

材料介紹

不織布（迷你200）

本書以此款不織布為底座，完成各式各樣的花朵。雖然會被隱藏在刺繡之下，但這是無框架立體刺繡的主要材料。厚度約1mm、20cm方形，材質為棉60%、嫘縈40%，非常利於使用在手工藝品創作上的不織布。一系列有63個顏色，能夠配合花朵顏色選色也是其魅力之一。

SUNFELT株式會社
http://www.sunfelt.co.jp/

25號繡線

總共有500種顏色，以美麗光澤自豪的繡線。將六條細線撚在一起，1束8m。作品當中只拉出需要數量的線，撚齊後使用。

DMC株式會社
www.dmc.com

樹脂黏土、顏料、筆

在實際使用上極具透明感、透光性的高級樹脂黏土MODENA，是防水、具彈性又穩固的樹脂製黏土。亦是著色時，一定會用到的顏料，推薦使用PRO'S ACRYLICS、PRO'S OIL COLOR。顏色選項有十種以上。在乾燥凝固的黏土上塗水性壓克力顏料亮光漆時，請使用專用筆。筆尖為尼龍100%，非常耐用。

株式會社PADICO
http://www.padico.co.jp/

TOHO株式會社
http://www.toho-beads.co.jp/

珠子

小圓（2至2.2mm）或大圓（3mm）、玻璃珠、木珠（圓珠、棗型）等，可用來製作果實、花蕊或者重點裝飾。顏色繁多，具有各式各樣的珠子，非常有趣。

珍珠花蕊、鐵絲

珍珠花蕊之中，售有具有玫瑰或白合等花朵特徵的物品，也有圓形頭的原色花蕊；鐵絲則會使用在花莖、樹枝或者藤蔓等處。鐵絲上記載的數字代表其粗細，數字越小的就越粗。

株式會社 MIYUKI STUDIO
http://www.miyuki-st.co.jp/

機能性工具類

可以準備一些容易使用、喜愛的小工具來提高工作效率。容易切割且比剪刀更能處理小弧度的滾輪刀、用來彎曲或者剪斷鐵絲的斜口鉗及尖嘴鉗、為了作出蓬鬆花朵而準備的毛線球製作工具等，都能讓作品創作變得更加愉快。

CLOVER株式會社
http://www.clover.co.jp/

無繡框OK! 不織布の立體刺繡花朵圖鑑

35 個技巧 × 55 款花卉紙型全收錄

授　　　　權／Pieni Sieni
譯　　　　者／黃詩婷
發　　行　　人／詹慶和
執　行　編　輯／黃璟安
編　　　　輯／蔡毓玲・劉蕙寧・陳姿伶・陳昕儀
執　行　美　編／陳麗娜
美　術　編　輯／周盈汝・韓欣恬
出　　版　　者／雅書堂文化事業有限公司
發　　行　　者／雅書堂文化事業有限公司
郵政劃撥帳號／18225950
戶　　　　名／雅書堂文化事業有限公司
地　　　　址／新北市板橋區板新路 206 號 3 樓
網　　　　址／www.elegantbooks.com.tw
電　子　信　箱／elegant.books@msa.hinet.net
電　　　　話／(02)8952-4078
傳　　　　真／(02)8952-4084

2020 年 8 月初版一刷　定價 450 元

FELT SHISHU NO HANAZUKAN(NV70468)
Copyright ©PieniSieni/NIHON VOGUE-SHA 2018
All rights reserved.
Photographer:Yukari Shirai
Original Japanese edition published in Japan by Nihon Vogue Co., Ltd.
Traditional Chinese translation rights arranged with NIHON VOGUE Corp.
through Keio Cultural Enterprise Co., Ltd.
Traditional Chinese edition copyright © 2020 by Elegant Books Cultural Enterprise
Co., Ltd.

經銷／易可數位行銷股份有限公司
地址／新北市新店區寶橋路 235 巷 6 弄 3 號 5 樓
電話／(02)8911-0825
傳真／(02)8911-0801

版權所有 ・ 翻印必究

國家圖書館出版品預行編目 (CIP) 資料

無繡框OK! 不織布の立體刺繡花朵圖鑑：35 個技巧
x55 款花卉紙型全收錄 / Pieni Sieni 著；黃詩婷譯 .
-- 初版 . -- 新北市：雅書堂文化，2020.08
　面；　公分 . -- (愛刺繡；24)
　ISBN 978-986-302-551-1(平裝)

1. 刺繡 2. 手工藝

426.2　　　　　　　　　　　　109010689

PieniSieni（ピエニシエニ）
日本FELTART協會代表理事。
發明不使用繡框的無框架立體刺繡技巧。
在單片不織布上施以刺繡或珠子裝飾，製為立體的花朵及昆蟲，擅
長五彩繽紛的色彩運用。
曾獲文部科學大臣獎及其他多數獎項。著有《遊玩不織布（暫
譯）》（Magazine Land出版）、《以不織布製作花朵模型92》
（講談社出版）等書。
監修日本VOGUE公司「TENARAI」的立體刺繡通訊講座。
於VOGUE學園、池袋community college、SUNFELT SHOP開辦
講座。
HP：http://pienisieni.com/　部落格：https://pienisieni.exblog.jp/
推特：@kippermum　Instagram：pienikorvasieni
＊日本FELTART協會嚴禁未告知即將作法及技巧公開、或使用於商
　業用途。

Staff
書籍設計 望月昭秀＋境田真奈美（NILSON DESIGN事務所）
攝影 白井由香里
造形 鍵山奈美
製圖 株式會社WADE手藝部（原田鎮郎、森崎達也、渡邊信吾）
編輯 向山春香
編輯連絡 西津美緒

材料協助
CLOVER 株式會社
SUNFELT 株式會社
TOHO 株式會社
DMC 株式會社
株式會社 PADICO
株式會社 深雪STUDIO

攝影協助
AWABEES
UTUWA

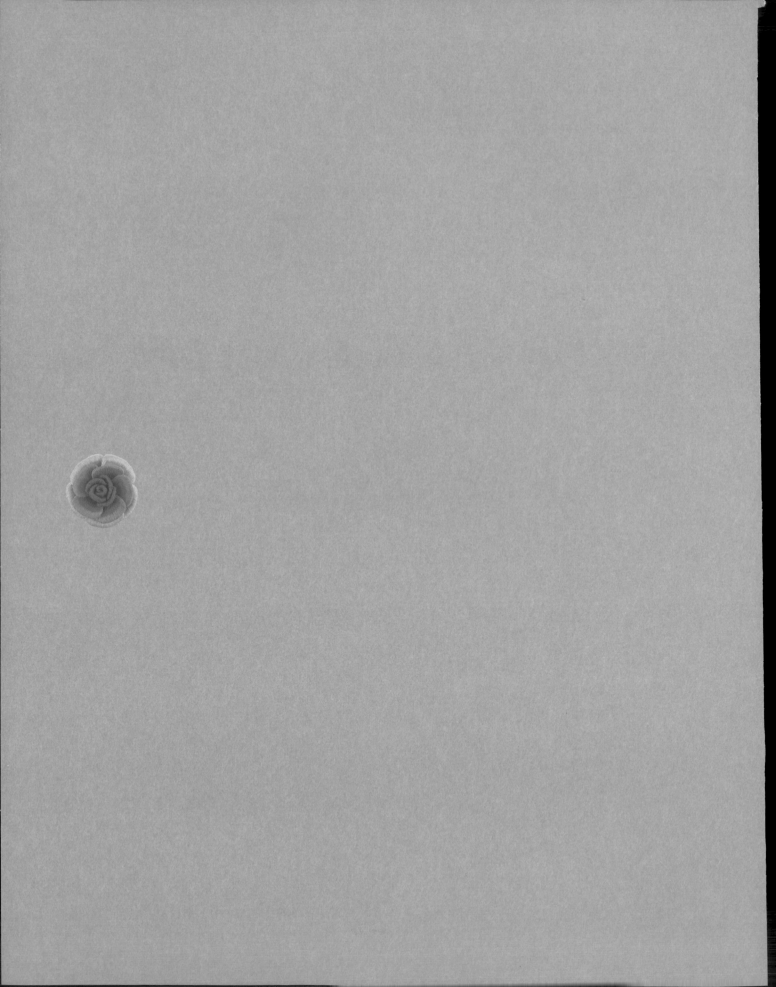